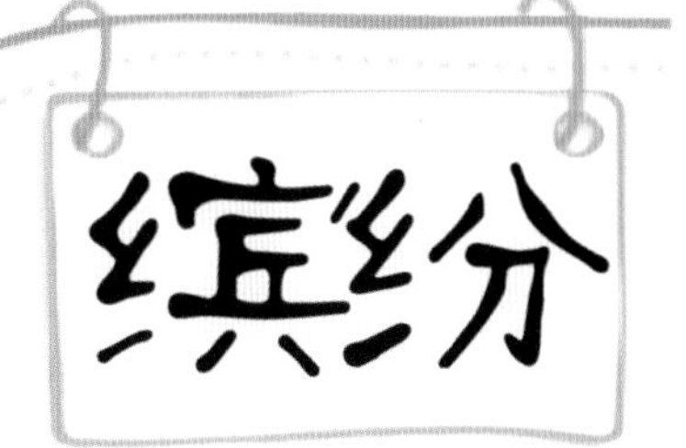

缤纷草花

陈菲 编著　徐晔春 摄影

Binfen Caohua

农村读物出版社

CONTENTS

目 录

CONTENTS

邂逅花的盛宴

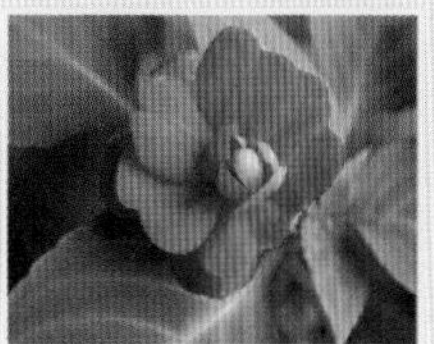

绚烂的色彩，多变的花型，

天生丽质的草花，

是挡也挡不住的诱惑。

拈花惹草过生活，

让你的耳目心灵，

在花的盛宴中，

恣意地徜徉，沉醉。

于花迷花痴们来说，草花的美似乎总有着无可抵挡的魅惑力。莳养草花的过程，如同赴一场视觉的饕餮盛宴。

若说花如女儿，女儿如花，草花就是植物世界里的美女集中营。再也找不到谁，能像她们那么阳光，那么俏丽了。

近年来，国外优秀品种的大量引进和新型园艺品种的不断开发，让本来就俏丽可人的草花变得越发的夺人眼球。花色、花型都极大丰富，加之与生俱来的那一股子浪漫的西洋气质，美到蚀骨的草花又怎不让人爱上它没商量？在欧美国家，草花早已走入寻常百姓家，成为美化居室、装点庭院的上佳之选。如今在我国，它也同样人气旺旺，尤其受到年轻花友们的大爱和追捧。

时尚草花的装饰方案

草花组合盆栽：组合盆栽是近年流行的花卉应用，强调组合设计，被称为“活的花艺”。将草花设计成组合盆栽，并搭配一些大小不等的容器，配合株高的变化，以群组的方式放置，可随意打造出一些理想的有立体感的组合景观。

草花花境：运用不同类型的草本花卉来设计，大量的夏季和秋季开花的多年生花卉根据株高组合在一起，运用大胆、清晰的层次排列，形成色彩形式和结构风格的对比，以装饰和强化整个园林的风格和特征。这种花境季相分明、色彩丰富，有着浓郁的自然气息，不仅能表现出植物个体生长的自然美，更重要的是还能展现出植物自然组合的群体美。在国外的居家小庭院中，草花花境应用非常普遍。

花坛：在一定种植床内栽植不同或相同种类的色彩鲜艳的花卉，以表现花卉的群体美和色彩美的一种绿化装饰。

立体花墙：立体花墙一个很大的特点是节省空间，而又给观赏者以震撼的视觉效果，是未来城市绿化的发展趋势。传统的花墙只配合一些活动而短暂出现，以后的立体花墙将具有弹性大的特点，可直接施工，并有独立完善的灌溉系统，室内外都可适用。

立体花柱：立体花柱的一个优点是四面都可以观赏，弥补了草花平面应用的缺陷。圆形花柱没有交界面的死角，表现力比其他形状的要好，可作为景观的视觉焦点。

快速造景：草花品种较多，色彩很多，在很大程度上能满足植物造景中色彩变化的要求。草花株型低矮，对土壤的生长条件要求较小，是植物快速造景中的最佳材料。

闲暇时看白先勇的青春版《牡丹亭》，杜丽娘春日游园，赏姹紫嫣红开遍，水袖翻飞之间，用细腻婉转的水磨腔咿咿呀呀地唱着：似这般花花草草由人恋，生生死死遂人愿，便酸酸楚楚无人怨。粉墙花影笛箫鼓板，讲述的是一个不知年代的古老爱情故事。伊人为情而死，又因情感而复生，生生死死酸酸楚楚皆只为一个“情”字。我却独为那一句“花花草草由人恋”而无法释怀，因它教我想起了自己在青葱岁月里与草花相伴的那些日子，成天于清水花泥之间摆来弄去，乐此不疲。也不知道前世欠了这些花儿什么，这一生是这么愿意伺候她们，死心塌地去做一个花痴。

似这般花花草草由人恋，漂漂亮亮遂人愿，便辛辛苦苦无人怨。

草花的那些事儿

渴望有氧绿生活？

向往美丽的花时间？

草花的那些事儿，

打理起来很简单。

用一颗慧心，

点亮你的绿手指。

付出关爱，细心照顾，

幸福会像花儿一样，

围绕在你身边。

百日草

养护难度指数：★★★

观赏期：5～11月观花

花语：思念亡友，友谊天长地久。

- 百日草（洋红色）：持续的爱。
- 百日草（绯红色）：恒久不变。
- 百日草（白色）：善良。
- 百日草（黄色）：每日的问候。

百日草为菊科百日草属一年生草本花卉，原产北美墨西哥高原，目前在世界各地均广泛种植。它花大色艳，色彩多变，有黄、红、白、紫、橙等，花期长，株形美观且又生性强健，被称作“庶民之花”。因此，非常适合花草新手栽种。

传说一个渔村姑娘无意中救了当朝的王子，并留他在家中养伤。后来王子为拯救苍生去杀海中兴风作浪的恶龙。姑娘许愿，如果王子百日不归，她就化作一棵草永远在海边守望意中人。第一百天到了，王子没有归来，姑娘的泪水成了血红色，她真的化作了一棵草，迎着朝阳开着火红色的花朵。第二天王子归来，却永远也见不到他心爱的姑娘了，他只在海边看到一棵火红如血的花儿，迎风开放着，它就是美丽的红花百日草。

百日草为阿拉伯联合酋长国国花。它的花期很长，从6月至9月陆续开放，长期保持鲜艳的色彩，因此象征着友谊天长地久。更有趣的是百日草第一朵花开在顶端，然后侧枝顶端开花比第一朵开的更高，所以又有别名“步步高”。作为居家种植的盆栽观赏，它开花一朵更比一朵高，或许会激发起你的上进心哦！此外，百日草的叶片、花序都可入药，有消炎和祛湿热的作用。

栽培管理

环境和光照： 要求日照良好，日照不足时，植株易徒长，开花不良。

栽培介质： 盆栽基质宜选用排水良好且富含有机质的沙质壤土。

繁殖方法： 以播种繁殖为主，也可扦插繁殖。百日草属浅根性花卉，种子发芽后应尽早移栽；侧根少，移栽后恢复慢。苗高10厘米左右就要摘心，促发腋芽，并能使植株粗壮。

水分： 不喜潮湿环境，但需保持介质的湿润，太过干旱会导致植株生长不良甚至死亡。浇水夏季约2天1次，冬季3～4天1次。

肥料： 生长期可每2～3周施入适量有机肥或复合肥。

其他： 喜温暖气候，抗寒力弱，气温低于15℃以下，开花困难。

发芽适温： 15～20℃

生长适温： 15～30℃

装饰建议

通常于阳台、露台、庭院中露天栽培。也适合用于装饰客厅、餐厅，可搭配红陶盆、石质盆、紫砂盆或其他素色瓷盆，摆放在桌子、茶几、角柜上，作为家居的点缀。

三色堇

养护难度指数：★★★

观赏期：4～7月观花

花语：白日梦、思慕、想念我。

- 红色三色堇：思虑、思念。
- 黄色三色堇：忧喜参半。
- 紫色三色堇：沉默不语。
- 大型三色堇：束缚。

生辰花：7月16日。大型三色堇是一种具爬蔓性质的植物，高约1米，以爬蔓方式攀住附近任何一种物体，然后茁壮成长，好像要把依附的物体紧紧缠绕住。因此，它的花语是“束缚”。凡是受到这种花祝福而诞生的人，占有欲特别强，不管是朋友还是爱人，都想占为己有。其实，这种过分束缚的方式，会适得其反。明白这个缺点，应适时反省、好好改进，恋爱也应重新再调整吧！

生辰花：3月13日。出现在莎士比亚名作《仲夏夜之梦》里的春药，其实指的就是三色堇。因为自古以来三色堇就被当做白日梦，尤其象征着恋爱的白日梦。因此它的花语是“白日梦”。受到这种花祝福而生的人，喜欢幻想，有为恋爱而恋爱的倾向。当然，没有错觉恋情是开始不了的。不过，光有错觉也不足以使恋情成长，所以请学学经营感情的方法吧！

三色堇为堇菜科堇菜属植物。因花有3种颜色对称地分布在5个花瓣上，构成的图案形同猫的两耳、两颊和一张嘴，故又名“猫儿脸”。又因整个花被风吹动时，如翻飞的蝴蝶，所以又有“蝴蝶花”的别名。三色堇品种繁多，色彩鲜艳，花期颇长，是著名的早春花卉，在欧美国家十分流行。在意大利，三色堇是“姑娘之花”，有“思慕”和“想念”的寓意，尤其受到少女们的喜爱。此外，三色堇还是波兰和冰岛的国花。

三色堇的品种除常见的一花三色者外，还有纯白、纯黄、纯紫、紫黑，另外还有黄紫、白黑相配及紫、红、蓝、黄、白多彩的混合色等。从花形上又分为大花、花瓣边缘呈波浪状的皱瓣以及重瓣。

传说三色堇花瓣上的棕色图案是天使来到人间的时候，亲吻了它3次而留下的。又有人说，当天使亲吻三色堇花的时候，她的容颜就印在花瓣上了，所以每一个见到三色堇的人，都会有幸福的结局。

三色堇全草可入药，可杀菌、治疗青春痘、皮肤过敏，还可治咳嗽。在我国医药古籍记载的护肤圣品中，三色堇无疑是最炫目的。三国时期的《名医别录》中就已把三色堇列为重要护肤药材。隋炀帝为讨后宫佳丽的欢心，曾组织太医研究三色堇去痘的多种方法，并将其一一写进《隋炀帝后宫诸宫药方》与《香方粉泽》等书之中。中药圣典《本草纲目》里更是详细记载了三色堇的神奇去痘功效：“三色堇，性表温和，其味芳香，引药上行于面，去疮除疤，疮疡消肿。”

发芽适温：15～20℃
生长适温：15～25℃

装饰建议

通常于阳台、露台、庭院中露天栽培。也适合用于装饰客厅、餐厅，可搭配红陶盆、石质盆、紫砂盆或其他素色瓷盆，摆放在桌子、茶几、角柜上，作为家居的点缀。

购花建议

宜挑选茎叶茂盛，花苞数量较多，且有1/3已经开花者。

栽培管理

环境和光照： 喜充足阳光，在生长期如光照过弱，植株易徒长，影响开花。

栽培介质： 喜肥沃松软的壤土，可选用市售的营养土，也可用腐叶土、泥炭土加少量珍珠岩混合配制。

繁殖方法： 将种子撒播于土壤表面，覆土厚度0.5厘米，不宜过厚，约1周即可出苗。待真叶长至5～6片时即可定植。

水分： 对水分要求不高，虽喜湿润，但在管理中，可适当控水，以防植株徒长，一般在土壤略干时补充1次透水。

肥料： 生长期可每隔10～15天施入复合肥水1次。

其他： 喜欢凉爽的环境，比较耐寒，能耐−10℃以下的低温。不耐热，在炎热多雨的夏季往往生长不良，乃至枯萎。

美女樱

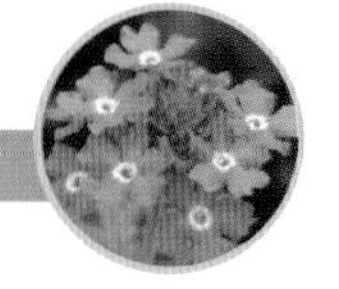

养护难度指数：★★★★

观赏期：5~11月

花语：相守、和睦家庭。

美女樱的形象就和它的名字一样俏丽可人，这种马鞭草科马鞭草属一年生草本花卉茎叶纤细，呈灰绿色，穗状的花序顶生，多数小花密集排列呈伞房状。它的花萼细长筒状，加上漏斗形的花冠，而且色彩艳丽，花色丰富（有白、红、蓝、雪青、粉红等），看上去非常非常的别致。

美女樱株丛矮密，匍匐性很好，如果你拥有一个私家花园或一处小庭院，不妨选择它们来作为地被植物。夏季一到，盛开的美女樱宛如成片的花海起伏流转，令人流连忘返，相信会带给你和家人大大的惊喜。如果用它来装饰阳台，那么吊盆将会是最好的选择，可以很好地展现它花叶枝条的垂悬性。

此外，美女樱全草可入药，具清热凉血的功效。

发芽适温：20℃左右

生长适温：15～25℃

栽培管理

环境和光照：美女樱是喜光植物，生长期要放在阳光充足处培养，霜降前要搬到室内阳光处。

栽培介质：盆栽基质宜选用疏松、肥沃、排水性能好的培养土。

繁殖方法：通常采用播种繁殖。将种子预先浸种1～2小时，播种后好发芽。保持凉爽，温度过高发芽不齐。播后覆盖细沙，保持湿度，约1周出苗，幼苗5～6片叶即可移植。

水分：美女樱喜湿润，盆土要保持湿润，但浇水不宜过勤，否则会引起基叶徒长或枯萎，影响孕蕾和开花。冬天盆土要偏干些为好。浇水夏季约2天1次，冬季3～4天1次。

肥料：栽种前盆底要施入腐熟的有机肥和一些过磷酸钙为基肥。生长期每月需追施稀薄的液肥。

病虫害防治：主要有白粉病和霜霉病危害，可用70%甲基托布津可湿性粉剂1 000倍液喷洒。虫害有蚜虫和粉虱危害，用2.5%鱼藤精乳油1 000倍液喷杀。

其他：当幼苗长到10厘米高时需摘心，以促使侧枝萌发，株形紧密。同时，为了开花不绝，在每次花后要及时剪除残花，加强水肥管理，以便再发新枝与开花。

装饰建议

通常于阳台、露台、庭院中露天栽培。也适合用于装饰客厅、餐厅，可搭配吊盆，或摆放于花架上，作为家居的点缀。

瓜叶菊

养护难度指数：★★★

观赏期：1～5月观花

花语：喜悦，快活，快乐，合家欢喜，繁荣昌盛。

瓜叶菊为菊科千里光属草本植物，与其他众多的菊科姐妹最大的不同之处，在于绿色光亮的叶片肥大且形如瓜叶，故而得了“瓜叶菊”这么个名字。

瓜叶菊园艺品种极多，花色丰富，有蓝、紫、红、粉、白或镶色。因其习性耐寒，花期较早，开放在少花的寒冬及早春，而显得尤为珍贵。它不仅花色喜人，又有喜庆吉祥的花语内涵，所以很适宜在春节期间用来赠送亲朋好友，以表达美好的祝福。

宝蓝色花是瓜叶菊中最最特别的一个色彩品种，花朵闪动着天鹅绒般的光泽，幽雅动人。13片艳丽的宝蓝色花瓣簇拥着花心，花心支撑着13片宝蓝色的花瓣。在传说中代表着被妖精守护的SuperJunior，也表示着只有13个SuperJunior才是完整的，所以又被比喻为“妖精之花”。这美丽的“妖精之花”叶子层层叠叠，一年四季都是它们的青葱岁月。无论在瑟瑟秋风中，还是在寒冷的冬日里，这些看似弱小的生命始终呈现出蓬勃生机，并用自己盛大的花事告诉我们：无论外边的风多冷雨多大，只要信念执著，生命将会永远葱绿。

栽培管理

环境和光照：生长期保证充足阳光，不宜遮阴，向光性强，要定期转动花盆，使枝叶受光均匀。

栽培介质：喜疏松、肥沃的壤土，宜保水性良好，可用泥炭土、菜园土等加少量河沙混合配制而成。

繁殖方法：通常采用播种繁殖。种子喜光无需覆土，保持湿度，约1周即可出苗，幼苗5～6片叶时移植。

水分：瓜叶菊需水量大，但不宜过多，特别是花期，加之叶片蒸腾量大，极易出现萎蔫，因此要保证土壤湿润，一般每天浇水1次，天气干热时，早晚都要浇水。

肥料：定植于盆中的瓜叶菊，一般约2周施1次液肥。用腐熟的豆饼或花生饼沤制的肥水，用水稀释10～15倍浇施。现蕾期施1～2次磷、钾肥，少施或不施氮肥，以促进花蕾生长而控制叶片生长。

病虫害防治：瓜叶菊主要病虫害有白粉病、蚜虫、潜叶蝇等。白粉病，发病时可用多菌灵、粉锈宁防治；蚜虫、潜叶蝇可用乐果防治。

其他：上盆后的瓜叶菊其基部3～4节发生的侧芽应随时抹去，以减少养分的消耗和避免枝叶过多，集中养分供给上部花枝生长，以利于花多、花大、色艳。

发芽适温： 20～25℃

生长适温： 5～25℃

装饰建议

通常于阳台、露台、庭院中露天栽培。也适合用于装饰客厅、餐厅，可搭配红陶盆、石质盆、紫砂盆或其他素色瓷盆，摆放在桌子、茶几、角柜上，作为家居的点缀。

购花建议

以株形紧凑均匀，茎节间短，叶片油绿有光泽，无病斑、虫痕，花苞数量较多，且有1/3已经开花者为上品。

太阳花

养护难度指数：★★

观赏期：6～11月观花

花语：光明、热烈。

不知你是否听过这样一首动人的童谣：“我有一个美丽的愿望，长大以后能播种太阳。播种一个就够了，会结出许多的太阳。一个送给南极，一个送给北冰洋，一个挂在冬天，一个挂在晚上。啦啦啦种太阳，啦啦啦种太阳，到那个时候世界的每个角落，都会变得温暖又明亮。”

天真活泼的小孩子热热闹闹种太阳的情形是否教你想起了一种草花？没错，它就是太阳花。

太阳花为马齿苋科一年生肉质草花。因其性喜温暖、阳光充足而干燥的环境，见阳光花开，早、晚、阴天闭合，且阳光愈盛开花愈好，故有太阳花、午时花之名。重瓣品种的太阳花茎叶墨绿色，光滑油嫩，细长如松针，花朵色彩丰富，形如小朵的牡丹花，因此又有别名叫做“松叶牡丹”。另外，但凡种过太阳花的人都知道，它生性极为强健，耐瘠薄土壤，不仅能自播繁衍，任意掐枝也能随插随活，是一级棒的懒人植物，所以民间又索性俗称其为“死不了”。

关于太阳花有很多种传说，有一种说法是有一位叫做克洛卡斯（Crocus，即番红花）的青年，与森林女神斯拉美克斯（太阳花）相恋。所以许多地方，都有以番红花与太阳花祝福新婚佳偶的习惯呢。

除此而外，太阳花在民间还可作为草药应用，全草入药，功效清热解毒，利尿消肿。

太阳花的园艺品种很多，有单瓣、半重瓣、重瓣之分，色彩绚丽，有绯红、粉

红、大红、深红、紫红、白、雪青、淡黄、深黄等，因此应用在庭院花园中是非常优秀的地被植物，将成为你家惹人注目与喜爱的园艺景观。炎炎夏日，不妨在小花园里种上一片太阳花吧，当那些数不清的花朵和映着太阳热烈的光辉宣泄自己的生命激情时，相信你也会像那些唱歌的孩子们一样，找到种太阳的奇妙感觉的。

栽培管理

环境和光照： 喜欢温暖、通风良好、干燥的环境，阴暗潮湿处生长不良，耐高温，但极不耐寒。喜欢充足的光照，属于强阳性植物。若光照不足，不但花小而少，而且花色暗淡。

栽培介质： 极耐瘠薄，一般土壤都能适应，而以排水良好的沙质土壤最适宜。

繁殖方法： 常用播种或扦插繁殖。种子细小，春、夏、秋均可播种，能自播繁衍。取枝条扦插亦非常容易成活。

水分： 夏季开花，需水量大，一般每天浇水1次。

肥料： 生长期每半月施用复合肥水1次，能使花多色艳。

发芽适温： 21～24℃

生长适温： 20～35℃

装饰建议

通常于阳台、露台、庭院中露天栽培。也适合用于装饰客厅、餐厅，可搭配吊盆，或摆放于花架上，作为家居的点缀。

购花建议

宜挑选主枝条粗壮，茎叶肥厚茂盛，花苞数量较多，色彩艳丽者。

蒲包花

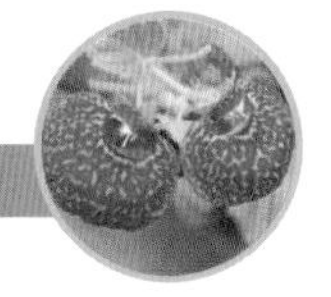

养护难度指数：★★★★

观赏期：2～5月观花

花语：

- 橙蒲包花：富贵。
- 黄蒲包花：援助。
- 白蒲包花：失落。
- 紫蒲包花：离别。

花占卜：您是个感情专一的人，对爱情的态度审慎，不会轻易谈恋爱，一旦对上了，会至死不渝地爱下去。如果您发觉情人对您不专，您是无法原谅他的，所以需要多结交些朋友。

花箴言：婚姻的价值是要令人变得更成熟。

蒲包花为玄参科蒲包花属多年生草本花卉，常作一二年生栽培。它的花形非常别致，花冠二唇状，上唇瓣直立较小，下唇瓣膨大好似蒲包（荷包）状，中间形成空室，因此这种奇特的花形让它得了个别名——“荷包花”。它的花色也很丰富，单色品种有黄、白、红等深浅不同的花色，复色则在各底色上着生橙、粉、褐红等斑点。

蒲包花在拉丁文里原是“细小的花鞋”的意思。当它最初诞生于南美洲安第斯山区时，当地的老乡们对它并无好感，认为它是一个不愿与人沟通的“鼓气袋”，除了孩子们从野外摘来玩耍外，多数成年人均不屑一顾。谁料后来有人把它形容为“荷包”之后，当地人的观念就彻底更新了。是呀，应该没有人会拒绝自己的荷包每天都是鼓鼓囊囊的吧？

关于蒲包花的美丽传说有很多。从前有一位姑娘非常会跳舞，一直在庆典中表演，可是在一次意外中，姑娘不幸失去了双腿。痛苦的姑娘乞求天神帮助她，天神深表同情，就把她变成了黄色的蒲包花。后来人们就喜欢在庆典中放置这种花，姑娘也达成了她的心愿，永远在庆典中随风飘舞。

相传古时候有个村庄闹干旱，农田里的作物都快枯死了。村长的女儿为此夜夜落泪，不经意间泪水滴落在一个精灵身上，精灵问清缘由后对她说：你愿意为大家牺牲自己么？姑娘想也不想就点了点头，于是精灵把她变成了井边一株橙色的蒲包花。第二天，全村的井水都满了，村民用井水救活了地里的庄稼，从此这个村庄风调雨顺五谷丰登。

在古时候，有个穷书生勤奋学习刻苦钻研，期待有朝一日能够考取功名改变自己的命运，但事与愿违屡次落榜，渐渐心灰意冷积虑成疾，不久便死去了。在他的坟头上长出了一棵白色的小花，花瓣间散发出淡淡的幽怨，这就是白蒲包花。

很久以前，古罗马的公主在狩猎场爱上了勇猛的战士鲁尼。狩猎结束后，公主接见了鲁尼，鲁尼也从公主的眼神中感受到了她的爱意，两人迅速坠入情网。但好景不长，鲁尼被派上了战场。分别之际，鲁尼采了路边的一朵紫色的蒲包花插在公主头上，亲完公主满是泪水的脸，上马绝尘而去。

蒲包花的开花时间在少花的冬春季节，上市时间正值春节，奇特的花形惹人喜爱，且又有“荷包满满”的吉祥寓意，因此成为很好的节日礼品花。无论送人或摆放自家居室，都十分相宜。

通常于阳台、露台、庭院中露天栽培。也适合用于装饰客厅、餐厅，可搭配红陶盆、石质盆、紫砂盆或其他素色瓷盆，摆放在桌子、茶几、角柜上，作为家居的点缀。

购花建议

以株形紧凑均匀，叶片油绿光泽，无病斑、虫痕，花苞数量较多，且有1/3已经开花者为上品。

发芽适温：13～15℃

生长适温：10～20℃

栽培管理

环境和光照：蒲包花属长日照花卉，幼苗期需明亮光照，叶片发育健壮，抗病性强，但强光时应适当遮阴保护。如需提前开花，以14小时的日照可促进形成花芽，缩短生长期，提早开花。

栽培介质：可用腐叶土及少量珍珠岩混合配制。

繁殖方法：通常采用播种繁殖。播后无需覆土，保持湿度，1～2周出苗。

水分：盆栽蒲包花对水分比较敏感，盆土必须保持湿润，特别茎叶生长期若盆土稍干，叶片很快萎蔫。如盆土过湿遇低温，根系易腐烂。浇水切忌洒在叶片上，以防烂叶。抽出花枝后，盆土可稍干燥，但不能脱水，有助于防止茎叶徒长。日常浇水视盆土干燥情况3～4天1次。

肥料：对肥料要求不高，前期以平衡肥为主，现蕾后增施磷、钾肥，有利花枝生长。生长期内每周追施肥1次。

病虫害防治：在高温多湿条件下，易引起蒲包花根叶腐烂等生理性病害，生长期必须注意通风和遮阴。虫害有蚜虫和红蜘蛛，可用三氯杀螨醇及乐果防治。

矮牵牛

养护难度指数：★★★

观赏期：5～11月观花

花语：①安心，安全感，与你同心。②有你，我就觉得温馨。

矮牵牛是近些年来深受年轻花友大爱和追捧的草花品种，花友们甚至因此而贯之以“爱牛”的昵称。

“爱牛”为茄科碧冬茄属多年生草本，常作一二年生栽培。它的园艺品种极多，按植株性状分，有高性种、矮性种、丛生种、匍匐种、直立种；按花形分，有大花（直径10～15厘米以上）、小花、波状、锯齿状、重瓣、单瓣；按花色分，有紫红、鲜红、桃红、纯白、肉色及多种带条纹品种（红底白条纹、淡蓝底红脉纹、桃红底白斑条等）。具体品种，像冰淡紫色、粉红晨光、潮波银白、轻浪贝壳粉、黄色小鸭等等，都有着金牌级的园艺观赏价值，是很时尚的热门品种，流行度极高，非常值得推荐。

另外，小花品种的矮牵牛近些年来也愈发地受到花友们的青睐。小花矮牵牛又名舞春花，花友们则昵称它为“百万小玲”。“百万小玲”的花朵较之“爱牛”而言更加小巧，花色却更加鲜艳，色彩品种同样繁多。

色彩、花形丰富多变的矮牵牛在许多欧美国家也是极其受欢迎的草花园艺品种，常用于装饰家居的阳台、窗台。它们绚丽多彩而又繁密的花丛与最常见的西洋风格的铸铁栏杆、铁艺花架、花槽可谓绝佳拍档，总在不经意间吸引着路人的眼光。也有用两种同色系的近似花色交叠搭配的方法，看起来好像彩色的波浪纹，非常富有节奏式的韵律美感。类似这些极具西洋风、田园风的装饰方案都很值得国内的园艺爱好者们借鉴。此外，矮牵牛在欧美及日本等地区也广泛应用于城市街景的美化布置，或作为地被植物在公园里大面积栽培，都是瑰丽而悦目的园艺景观。

栽培管理

环境和光照：属长日照植物，生长期要求阳光充足，否则开花不良。

栽培介质：对土壤要求不高，盆栽可用腐叶土或泥炭土加少量珍珠岩混合成营养土栽培。

繁殖方法：通常采用播种繁殖。种子喜光无需覆土，保持湿度，约1周即可出苗，幼苗5～6片叶时移植。也可取嫩枝扦插，多于春、秋季进行。

水分：保持盆土湿润，表土干后马上浇水，否则水分不足，叶片及花朵极易萎蔫。冬季控制浇水，土壤应偏干，过湿或积水则易烂根。日常浇水视盆土干燥情况约2天1次。

肥料：矮牵牛不宜偏施氮肥，否则植株徒长、倒伏而开花少。生长季节应每15～20天施1次速效型复合肥，开花期间需多施含磷、钾的液肥，使之开花不断。

病虫害防治：主要病害有白粉病、叶斑病危害，可分别用百菌清、粉锈宁及代森铵防治。如有蚜虫危害，可用氧化乐果喷杀。

其他：超过35℃生长不良，且叶片及花朵极易失水，温度过低花期推迟。喜湿润空气，过于干燥花朵易失水萎蔫。营养生长期，可摘心1～2次，促发分枝，如枝条过长，可修剪整形，并随时摘除残花，达到花繁叶茂。

装饰建议

通常于阳台、露台、庭院中露天栽培。也适合用于装饰客厅、餐厅，可搭配吊盆，或摆放于花架上，作为家居的点缀。

购花建议

以株形紧凑均匀，茎节间短，叶片油绿有光泽，无病斑、虫痕，花苞数量较多，且有1/3已经开花者为上品。

发芽适温：20～22℃

生长适温：18～25℃

香豌豆

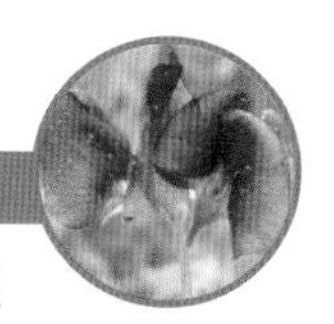

养护难度指数：★★★

观赏期：翌年2月下旬至4月观花

花语：温柔的回忆。

生辰花：6月9日。

花占卜：你是个专情的人，当你爱上某人时，你愿意深情款款地献出你的真情，但有时太过痴情，反而增加了对方的精神压力，与你提出分手。不过你会有很多机会结识异性，到时你再检讨一下以前的失败经验吧。

花箴言：当失去的时候，才会了解其真正的价值。

读过安徒生笔下有趣的童话故事《豌豆公主》吗？从前有一位王子，他想找一位公主结婚，但她必须是一位真正的公主。为了考查候选者是不是真正的公主，老皇后在床榻上放了一粒豌豆，然后在豌豆上铺了20床垫子，又在这些垫子上放了20床鸭绒被。只有能感觉到下面有一粒豌豆，而睡得很不舒服的姑娘才合格。因为除了真正的公主以外，任何人都不会有这么嫩的皮肤。

豌豆本来是一种蔬菜作物，但我今天在这里要推荐给你们的香豌豆却是一种非常美丽的草花，与豌豆同为豆科的近亲姐妹。这种豆科香豌豆属的一二年生蔓性攀缘草本植物有着柔软缠绵的茎蔓，青绿莹碧的卵圆形叶片，叶梢顶端长有纤细的卷须，开出的花朵形如一群蝴蝶翩翩起舞，形象格外地俏丽可人。

香豌豆花色繁多，有白、粉红、榴红、大红、蓝、堇紫及深褐色，还有带斑点或镶边等复色品种，根据花形又可分为平瓣、卷瓣、皱瓣、重瓣4种。它不仅花朵养眼耐看，还芳香扑鼻，因此才被称作香豌豆或腐香豌豆，并有着“sweat pea”的英文名。

香豌豆花形独特，是很棒的切花花材。因植株有攀缘性，也可用于垂直绿化。

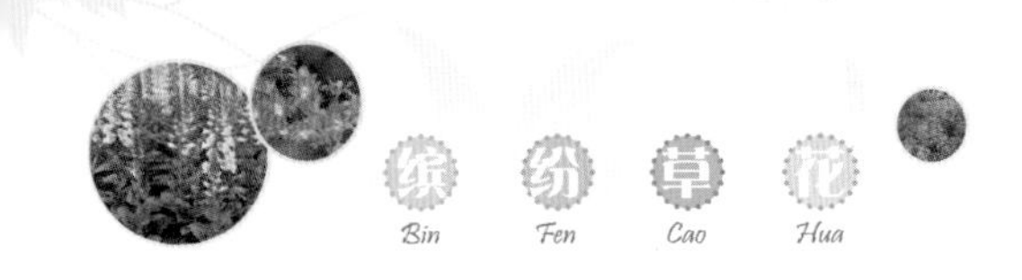

栽培管理

环境和光照： 喜日照充足，也能耐半阴，过度庇荫易造成植株生长不良，生长季阴雨天多的地区观赏效果不好。要求通风良好，不良者易患病虫害。

栽培介质： 属于深根性花卉，要求疏松肥沃、湿润而排水良好的沙壤土，在干燥、瘠薄的土壤上生长不良。

繁殖方法： 通常采用播种繁殖，多于8～9月进行秋播。种子有硬粒，播前用40℃温水浸种一昼夜，以保证发芽整齐，20～25天出苗，出苗后适当间苗。香豌豆不耐移植，多采用直播方式育苗。

水分： 浇水以见干见湿为原则，日常视盆土干燥情况3～4天1次。

肥料： 开花前每10天追施1次稀释液肥，花蕾形成初期追施磷酸二氢钾。

病虫害防治： 主要病害有白粉病、叶斑病，可分别用百菌清、粉锈宁及代森铵防治。虫害主要有潜叶蝇、蚜虫，采用氧化乐果防治。

装饰建议

通常于阳台、露台、庭院中露天栽培，可搭配木质、铁艺攀缘花架。也适合用于装饰客厅、餐厅，可搭配吊盆，或摆放于花架上，作为家居的点缀。

发芽适温： 15～20℃

生长适温： 10～25℃

波斯菊

养护难度指数：★★

观赏期：7~10月观花

花语：少女的纯情、学术、永远快乐。

■ 波斯菊（白色）：纯洁。　　■ 大波斯菊（红色）：多情。

生辰花：10月19日。花语：学术。波斯菊是被选来献给牛津的一位居僧院院长－圣菲利迪斯卫德，他对牛津这个地区及牛津大学的发展都有很大的贡献，可以说是学问的守护神。因此，它的花语是——学术。凡是受到这种花祝福而生的人，很理智；对于知识有很旺盛的好奇心，一生都能孜孜不倦的学习，而导致成功。至于恋爱则比较迟，以晚婚居多。

10月31日。花语：坚强。波斯菊即使被栽种在烟雾覆盖的工业区，仍可衍生下去，可以说是一种生命力非常强的花。因此，它的花语是——坚强。受到这种花祝福而生的人，身心都非常倔强、坚强，失恋过一两次也不会在乎；甚至谈过许多次恋爱，也失恋过许多次后，仍能照样大吃大喝，欢笑渡过愉快的一生，可说是一位非常坚强的人！

清凉的空气含着淡淡的清香
生活得清清爽爽，何惧无常
优美温柔的波斯菊
愿你常留芳香
弱茎托着花朵
你高高开放
深知秋意的波斯菊呀
总是擎着轻轻的粉红
仰头望着秋阳

这是出现在川端康成小说中的一首日本民谣，日本人喜欢把波斯菊称作“秋樱”，因为它的花在秋天盛开。

然而在我国的藏区，波斯菊却有着另一个好听的名字——“格桑梅朵”。在藏语中，“格桑”是幸福的意思。藏区流传着一个美丽的传说：不管是谁，只要找到了八瓣格桑花，就找到了幸福。

此外，“格桑”也有好时光之意，因为在春夏之交雪域高原有一个万物璀璨的好季节，这个时候风姿绰约的格桑花儿会如约来到草原上，为青春亮丽的姑娘们带来好时光，也带来幸福。

在欧洲人的传说当中，波斯菊同样与少女的爱情联系在一起。大波斯菊公主是波斯菊国王的小女儿，巫婆为她算命，说她是个永远的孤独者，没有任何人能够破解这个诅咒。所以波斯菊公主一个人住在城堡里面，每天日升月落，寂寞总在无时无刻地侵蚀着她的心，她常常在夜里坐在花园里的秋千上独自哭泣。最后的最后，一个来自远方的骑士路过公主城堡，与波斯菊公主一见钟情，幸福的摩天轮从天降临，大波斯菊公主的诅咒终于被解开了。据说欧洲的少女们常常在情书中附上一朵波斯菊，一朵花承载了情窦初开的少女心思，羞涩中带着期望，喜悦中藏着不安，因此大波斯菊的花语是“少女的纯情”。

波斯菊植株高大，茎叶却非常纤细，花瓣带着丝绸般的光滑质感，花色有红、白、粉、紫等色。它生命力顽强，只需粗放管理便可茁壮成长。因此，在私家花园中很适合用来布置花境，或在草地边缘、树丛周围成片栽植作为背景，能够为你的庭院带来丰饶的野趣意味。盛开时节的波斯菊花海一片，纤弱的花枝迎风招摇，宛如芭蕾舞者般轻盈，那情形只好用四个字来形容——楚楚动人。

此外，波斯菊花、叶均可入药，味微苦辛、性凉。有清热化痰、补血通经、去淤生新的功效，主治感冒咳嗽、腮腺炎、乳腺炎、眼痛、牙痛等。

栽培管理

环境和光照：喜温暖、凉爽的气候，喜日照充足，耐干旱，既不耐寒，也不耐酷热。性强健，管理粗放。

栽培介质：耐瘠薄土壤，家庭栽培可选用疏松、湿润而排水良好的沙质土壤。

繁殖方法：通常采用播种繁殖，发芽率高，小苗有5～6枚真叶时移植，也可直播。

水分：日常浇水视盆土干燥情况3～4天1次。

肥料：栽植前施入基肥，生长期可不再施肥。肥水过多时枝叶徒长，开花不良。

装饰建议

通常于阳台、露台、庭院中露天栽培。也适合用于装饰客厅、餐厅，可搭配红陶盆、石质盆、紫砂盆或其他素色瓷盆，摆放在桌子、茶几、角柜上，作为家居的点缀。

发芽适温：15～30℃

生长适温：10～30℃

雏菊

养护难度指数：★★★

观赏期：12月至翌年4月观花

花语： 永远的快乐，传说森林中的精灵贝尔蒂丝就化身为雏菊，她是个活泼快乐的淘气鬼。

你爱不爱我？因此，雏菊通常是暗恋者送的花。

离别、坚强愉快、幸福、纯洁、天真、和平、希望、美人。

生辰花： 1月18日。花语：快活。雏菊是被选来祭祀13世纪时因为拒绝父亲所选的夫婿而进入修道院的匈牙利公主圣马格丽特的花朵。

2月22日。花语：活力。雏菊是被选来祭祀13世纪时在托斯卡那改过向善，最后成为一位圣人的马尔加雷的花朵。自古以来，基督教里就有将圣人与特定花朵联系在一起的习惯，因为教会在纪念圣人时，常以盛开的花朵点缀祭坛。而在中世纪的天主教修道院内，更是有如园艺中心般的种植着各式各样的花朵，久而久之，教会便将366天的圣人分别和不同的花朵合在一起，形成所谓的花历。

如果说每种花都可以用一个词语来形容的话，那么最适合用来描绘雏菊的词似乎就是“天真烂漫”。

雏菊又名延命菊，是菊科多年生草本植物，但常作二年生栽培，原产于欧洲至西亚。据说雏菊名称的由来是因为它和菊花很像，是线条形的花瓣，区别在于菊花花瓣纤长而且卷曲油亮，雏菊花瓣则短小笔直，就像是未成形的菊花。故名“雏菊”。雏菊的叶为匙形，丛生，呈莲座状，密集矮生，颜色碧翠，从叶间抽出花梃，每梃一花，外观十分简洁，花朵娇小玲珑，色彩有白、粉、红等色，缤纷和谐。它早春开花，生机盎然，那模样极容易让人联想到一个天真活泼不谙世事的小姑娘。也许正因为如此，雏菊也就有了纯洁的美、天真、幼稚、快活的花语。

在罗马神话里，雏菊是由森林的精灵维利吉斯转变来的。当维利吉斯和恋人正在开开心心地玩耍时，却被果树园的神发现了，于是她就在被追赶中变成了雏菊。

在欧美国家，雏菊是人们非常熟悉的花卉品种，它天真烂漫的风采尤其深得意大利人的喜爱，因而被推举为意大利的国花。此外，在西方国家，雏菊常常被用来占卜爱情。把雏菊的花瓣一片一片剥下来，每剥下一片，在心中默念：爱我，不爱我。直到最后一片花瓣，即代表爱人的心意。除了占卜爱情，另外还有一种用雏菊来占卜婚姻的方法是：如果你想知道自己在什么年岁结婚，只要随手拔起一把花，看看当中有几朵雏菊，雏菊的数目便是距离结婚日的年数。

发芽适温：15~20℃

生长适温：5~25℃

栽培管理

环境和光照： 适宜冬季温暖而夏季凉爽的气候，耐寒性强，忌炎热。

栽培介质： 喜肥沃、湿润而排水良好的土壤。

繁殖方法： 通常采用播种繁殖，一般秋播，适当间苗。雏菊须根较多，移植容易。

水分： 日常浇水视盆土干燥情况3～4天1次。

肥料： 生长期肥水应充足，可每半月施入有机肥或复合肥1次。

装饰建议

通常于阳台、露台、庭院中露天栽培。也适合用于装饰客厅、餐厅，可搭配红陶盆、石质盆、紫砂盆或其他素色瓷盆，摆放在桌子、茶几、角柜上，作为家居的点缀。

蓝目菊

养护难度指数：★★★

观赏期：5~10月观花

与玛格丽特一样，蓝目菊也是近年来年轻花友们青睐有加的热门草花。蓝目菊又有别名非洲雏菊或大花蓝目菊、蓝眼菊，原产于南非。它的叶片碧绿狭长，边缘带有羽裂，开出的花盘较大，花瓣正面为白色，边缘有粉紫的色晕，背面为淡紫色。此外常见的还有紫色和粉色品种，各品种共同之处在于花心都是蓝紫色的，所以名叫蓝目菊。

蓝目菊的花形简洁明快大方，开花数量巨大，栽培管理却并不很难，因此非常适合养花新手尝试。好好地待它，相信会带给你很大的惊喜和成就感哦！

发芽适温：20~24℃

生长适温：5~25℃

栽培管理

环境和光照： 不耐寒，忌炎热，喜向阳环境。

栽培介质： 盆栽以壤土和腐叶土各半，并加入适量河沙混合配制。

繁殖方法： 播种或扦插法繁殖。春播3月、秋播9月进行，1～2周可发芽。也可在春季采用嫩枝进行扦插。

水分： 日常浇水视盆土干燥情况2～3天1次。

肥料： 生长期肥水应充足，可每半月施入有机肥或复合肥1次。

装饰建议

通常于阳台、露台、庭院中露天栽培。也适合用于装饰客厅、餐厅，可搭配红陶盆、石质盆、紫砂盆或其他素色瓷盆，摆放在桌子、茶几、角柜上，作为家居的点缀。

花菱草

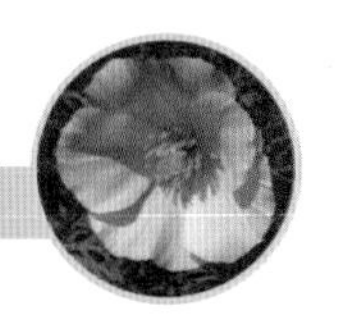

养护难度指数：★★★

观赏期：5~6月观花

花语：答应我，不要拒绝我。

花菱草为罂粟科花菱草属草本植物，又名人参花、金英花。原产美国加利福尼亚州，也是加州的州花。它灰绿色的羽状裂叶看起来与柏树的叶片很相似，开出的花朵有4枚扇形的花瓣，边缘微皱，带着丝绸般的光泽，通常在晴天开放，阴天或傍晚闭合。

花菱草的花色极其丰富，有乳白色、淡黄、橙、桂红、猩红、玫红、青铜、浅粉、紫褐，种子成熟后有很强的自播能力，因此除了盆栽观赏，也很适合庭院中的草坪丛植，五彩斑斓且野趣盎然，有着上佳的园艺景观效果。

栽培管理

环境和光照： 较耐寒，喜冷凉干燥气候，不耐湿热。

栽培介质： 宜疏松肥沃、排水良好的沙质壤土，也耐瘠土。

繁殖方法： 采用播种繁殖。北方春播3月、南方秋播9月进行，播后5～7天即发芽。出苗后须进行间拔，移苗、定植时须带宿土。

水分： 日常浇水视盆土干燥情况3～4天1次。

肥料： 可每月施入有机肥或复合肥1次。

发芽适温： 15～20℃

生长适温： 5～20℃

装饰建议

通常于阳台、露台、庭院中露天栽培。也适合用于装饰客厅、餐厅，可搭配红陶盆、石质盆、紫砂盆或其他素色瓷盆，摆放在桌子、茶几、角柜上，作为家居的点缀。

六倍利

养护难度指数：★★★★

观赏期：4~6月观花

花语：可怜、同情。

养花新手们见到“六倍利”这个略嫌生硬的名字或许有些茫然，觉得很难把它和柔美的花儿联系在一起。殊不知，它却是现如今很时尚的一种草花。

六倍利为桔梗科半边莲属，它的花朵形态很有特色，花冠前端分五裂，下边三个裂片较大，看起来好似蝴蝶展翅翩翩起舞，故名“翠蝶花”。整朵花看上去又好像只开了半边，因此又有俗名称做“半边莲”。只是不晓得为什么，尽管有着更加恰如其分的好名字，“翠蝶花”和“半边莲”却鲜为人知，倒是从它的拉丁学名*Lobelia*音译过来的“六倍利”这个颇有些拗口的名字广为花友们接纳，并且据此昵称它为“小六”。

六倍利的花色有红、桃红、紫、紫蓝、白等，植株半蔓性，通常用吊盆栽植，盛花之时繁密成球，如果选择它来装饰庭院中的灯柱，会有一种很特别的西洋气质，时尚感很强。

洋气时尚的“小六”，同时还是我国民间一剂土生土长的草药，能治疗毒蛇咬伤、痈肿疔疮、扁桃体炎、湿疹、足癣、跌打损伤、湿热黄疸、阑尾炎、肠炎、肾炎、肝硬化等。《岭南草药志》中记载：“山梗菜（也就是半边莲、六倍利）浸烧酒搽之”能治毒蛇咬伤。《江西民间草药验方》中则记载：治疗疮，一切阳性肿毒，以鲜山梗菜适量，加食盐数粒同捣烂，敷患处，有黄水渗出，渐愈。

栽培管理

环境和光照：在长日照、低温环境下才会开花。耐寒力不强，忌酷热。

栽培介质：家庭栽培宜选用疏松肥沃、排水良好的沙质壤土。

繁殖方法：采用播种繁殖。种子细小，所以播种时可混入一些细沙再行播种，无需覆土，并使用细孔之喷壶浇水，力道千万不可过猛，以防种子流失，播种后20天可以发芽。育苗至本叶6～8枚时移入盆中或花坛栽培，植株生长缓慢。

水分：日常浇水视盆土干燥情况3～4天1次。

肥料：生长季节，可每10～15天施入1次复合肥水。

通常于阳台、露台、庭院中露天栽培。也适合用于装饰客厅、餐厅，可搭配吊盆，或摆放于花架上，作为家居的点缀。

发芽适温： 18～25℃

生长适温： 15～25℃

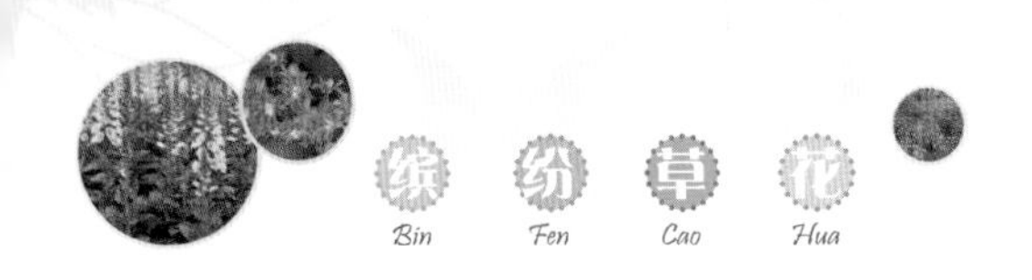

贝壳花

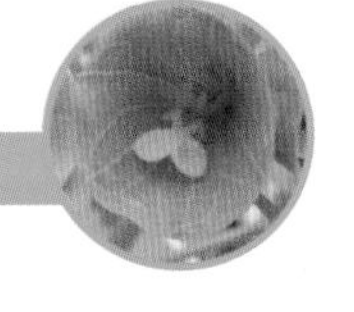

养护难度指数：★★★

观赏期：6~8月观花

俗话说“好花还需绿叶扶”，一株植物长着绿色的叶片并不奇怪，但不知你可曾见过一株植物开出绿色的花朵来？那就是我在这里要推荐给你的贝壳花。

贝壳花是唇形科贝壳花属一二年生草本植物，它开出的小花为白色，但外围却包卷着一层花萼，形状像一只只贝壳，而且还是罕见的绿色，非常漂亮。除了酷似贝壳，这些小喇叭状的萼片看起来也很像立起的衣领，或大象的耳朵，所以又得了领圈花、象耳之类的别名。莹碧的花色，加上奇特的花型，让贝壳花看起来显得那么素雅而美丽，因此成为国际上流行的高级切花花材，并且常被制成干花观赏。

贝壳花播种发芽率很高，且长势强健，管理得当只需3个月便可观花，日常也极少有病虫害发生，若有兴趣，赶快动手试试吧。

栽培管理

环境和光照：性喜日照充足的温暖生长环境。

栽培介质：栽培用土以肥沃、疏松、排水良好的壤土为佳，土质不宜过黏，否则不发棵，生长缓慢。

繁殖方法：采用播种繁殖。春、夏、秋均可进行，约1周发芽，幼苗5～6片真叶时即可移栽，苗高10～15厘米时摘心1次，促使多分枝。

水分：日常浇水视盆土干燥情况3～4天1次。

肥料：生长期可每月施入复合肥水1次。

发芽适温：	18～25℃
生长适温：	18～30℃

装饰建议

通常于阳台、露台、庭院中露天栽培。也适合用于装饰客厅、餐厅，可搭配红陶盆、石质盆、紫砂盆或其他素色瓷盆，摆放在桌子、茶几、角柜上，作为家居的点缀。

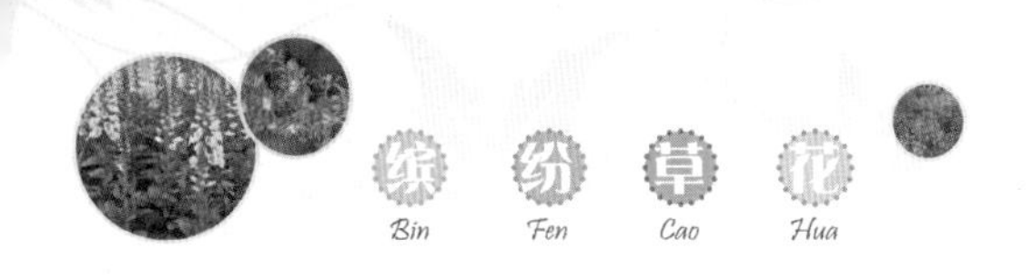

金盏菊

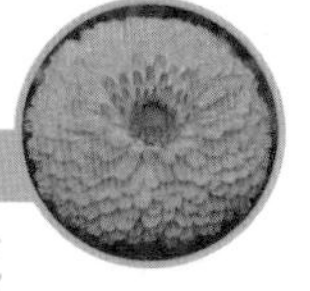

养护难度指数：★★★

观赏期：12月至翌年6月观花

花语：惜别、离别。

金盏菊是一种看起来热烈奔放的花，因为它通常开放在早春，花色有淡黄、橙红、黄等，鲜艳夺目。

金盏菊的抗二氧化硫能力很强，对氰化物及硫化氢也有一定抗性，为优良抗污花卉。

金盏菊几乎各部位都可以食用，它富含多种维生素，尤其是维生素A和维生素C，花瓣可用作西式炒饭的着色剂，还有特别的美容功效。倘若药用，它的根有行气活血的功效，而花朵则可以凉血、止血。以下是几个实用的民间小验方：金盏菊鲜根50～100克，水煎或酒、水煎服，治胃寒痛；金盏菊鲜根100～200克，酒、水煎服，治疝气；金盏菊鲜花10朵，酌加冰糖，水煎服，治肠风便血。

发芽适温：15～20℃

生长适温：7～20℃

栽培管理

环境和光照： 喜阳光充足的环境，适应性较强，较耐寒，怕炎热天气。

栽培介质： 不择土壤，疏松、肥沃、微酸性土壤最好。基质可选用泥炭土、腐叶土加有机肥混合配制。

繁殖方法： 采用播种繁殖。因金盏菊喜冷凉气候，多秋播，也可春播。小苗出土后应适当见光，以防徒长，并保持土壤稍湿润，不可过干。幼苗5～6片真叶时即可定植。

水分： 土壤以稍干为佳，以防茎叶徒长。日常浇水视盆土干燥情况3～4天1次。

肥料： 较喜肥，成株半个月施入复合肥水1次。

装饰建议

通常于阳台、露台、庭院中露天栽培。也适合用于装饰客厅、餐厅，可搭配红陶盆、石质盆、紫砂盆或其他素色瓷盆，摆放在桌子、茶几、角柜上，作为家居的点缀。

购花建议

以叶片油绿，无病斑、虫痕，已有花朵开花且色泽鲜艳者为佳。

虞美人

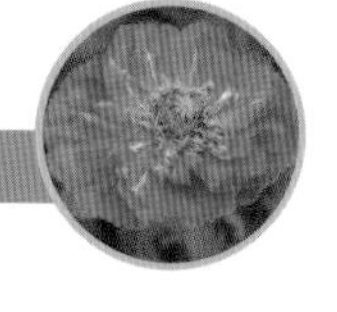

观赏期：4~5月观花

花语：

- 白色虞美人：象征着安慰、慰问。
- 红色虞美人：代表着极大的奢侈、顺从。

虞美人是罂粟科罂粟属的一种草本花卉，原产欧洲和亚洲，北美洲也有分布，比利时将其作为国花。它花色繁复，有纯白、紫红、粉红、红、玫瑰红，还有复色、镶边和斑点品种，娇艳异常，有着金牌级的园艺观赏价值。它花未开时，只见蛋圆形的花蕾上包着两片绿色白边的萼片，垂直生于细长直立的花梗上，极像一位低头沉思的少女。待到花蕾绽放，萼片脱落时，它便脱颖而出，原来弯曲柔弱的花枝，此时也挺直了身子撑起了花朵。花朵上四片薄薄的花瓣质薄如绫、光洁似绸，轻盈花冠似朵朵红云片片彩绸，虽无风亦似自摇，风动时更是飘然欲飞。这般袅袅婷婷的绰约姿态颇为引人遐思，大有中国古典艺术中美人的风韵，因此得名“虞美人”。此外,还有“百般娇”、“赛牡丹”、“丽春花”之类同样很动听的别名。

说到虞美人，恐怕大家都会想起生在秦朝末年的一位风华绝代的薄命佳人，她随“力拔山兮气盖世”的西楚霸王项羽驰骋疆场，惯经风雨却不减其娇美风韵。垓下一战楚霸王功败垂成，她痴情不悔，追随项羽慷慨赴死，留下千古美谈，她的名字叫虞姬。传说今日的虞美人花，便是从虞姬血泊中长出，是虞姬芳魂的化身。

虞美人不但花美，而且药用价值高，入药叫雏罂粟，无毒，有镇咳、止痛、停泻、催眠等作用，种子可抗癌化瘤，延年益寿。

丽春

唐　杜甫

百草竞春华，丽春应最胜。少须颜色好，多漫荆条剩。

纷纷桃李姿，处处总都移。如何此贵重，却怕有人知。

虞美人又名丽春花，在“百草”中“最胜”，不仅是因为“颜色好”，更在于它与桃李相比，根深难徙，“贵重”而怕“有人知”。正直不迁而又谦逊礼让，正是虞美人的可贵之处。

浪淘沙·赋虞美人草

宋　辛弃疾

不肯过江东[1]。玉帐匆匆[2]。至今草木忆英雄。唱著虞兮当日曲[3]，便舞春风。

儿女此情同。往事朦胧。湘娥[4]竹上泪痕浓。舜盖重瞳堪痛恨，羽又重瞳[5]。

① 不肯过江东：项羽兵败，退至乌江。乌江亭长劝他乘船退回江东重振雄风。项羽不肯渡江，自刎而死。

② 玉帐匆匆：项羽被围垓下，在军帐中与虞姬匆匆告别。

③ 唱罢虞兮：项羽与虞姬作别时唱道：“虞兮虞兮奈若何”。

④ “湘娥”句：舜帝南巡，死于途中。二妃娥皇、女英奔丧，泪洒湘竹，竹尽斑，谓之湘妃竹。

⑤ 重瞳：传说舜与项羽眼睛都有两个瞳仁。

虞美人行

元·杨维桢

拔山将军气如虎[1]，神骓如龙蹋天下[2]。

将军战败歌楚歌，美人一死能自许。

仓皇伏剑答危主[3]，不为野雉随仇虏[4]。

江边碧血吹青雨，化作春芳悲汉土。

① 拔山：项羽有“力拔山兮气盖世”的诗句。

② 神骓：项羽的乘骑乌骓马。

③ 伏剑：自刎。

④ 仇虏：敌人，指汉王刘邦。

这首诗根据古代传说项羽被围垓下，虞姬为解其后顾之忧，毅然自刎，血滴土中化为幽草，即为虞美人。作者睹花如见人，赞虞姬刚烈忠贞之志可叹可佩。

虞美人花

清　孙念谋

垓下已捐身，花枝血溅新。

芳魂化幽草，羞作汉宫春。

栽培管理

环境和光照：性喜日照充足和通风良好的环境，耐寒、耐旱能力较好，不耐湿热。

栽培介质：耐瘠薄，对土壤要求不严。

繁殖方法：采用播种繁殖，多秋播。为直根系花卉品种，侧根较少，常采用直播方式。种子细小，播后无需覆土，约1周出芽。

水分：日常浇水视盆土干燥情况3～4天1次。

肥料：生长期可每月施入稀薄复合肥水1次。

发芽适温：18～25℃

生长适温：5～25℃

通常于阳台、露台、庭院中露天栽培。也适合用于装饰客厅、餐厅，可搭配红陶盆、石质盆、紫砂盆或其他素色瓷盆，摆放在桌子、茶几、角柜上，作为家居的点缀。

牵牛花

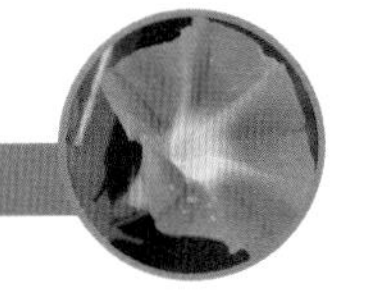

养护难度指数：★★

观赏期：6~10月观花

花语：爱情、冷静、虚幻、名誉。

生辰花：8月6日。

花占卜：年纪尚小，却喜欢模仿大人的精明干练，使您看来非常有趣。您很有异性缘，喜欢追求大人们成熟的爱情，但入世未深的您又如何体会成年人的世界呢？还是放自然一点吧，您的心会更自在。

花箴言：小鬼扮大人，装腔作势。

花寓意：年长女性引诱年少男性。古有老牛吃嫩草之说，今有老草牵嫩牛相对。见到类似女子，你可以说一句：哎哟，你是牵牛花吧。

俗话说："秋赏菊，冬扶梅，春种海棠，夏养牵牛。"可见，夏天的众多花草中，牵牛花可以算得上是宠儿了。

牵牛花为旋花科牵牛属一年生藤本植物，原产于热带地区，在我国栽培历史悠久，唐代流传到日本。1000多年来，爱好园艺的日本人对牵牛花培育工作倾注了大量心血，取得了长足的进展，让它的花和叶都发生奇异的变态，培养出极其丰富繁多的新优园艺品种，称为日系朝颜。日系朝颜花色有绞纹、喷点、镶边、车轮状等，叶形则有圆叶、裂叶、斑叶等，具体如曜白系列、富士系列、晓系列、平安系列等等，都非常漂亮。加之牵牛花是好种易养的懒人植物，开花之时数量巨大，却不需要多么繁复的技术，因此很适合推荐给养花新手尝试。

美丽的牵牛花在我国民间还有着动人的传说：很久以前，伏牛山下住着一对勤劳的姐妹，有一天在地里劳动时刨出一只银喇叭，山神告诉她们说这银喇叭是开山的钥

匙，可以把玉皇大帝关押在山下的100头金牛抱出1头来就一辈子不愁吃穿了。但心地善良的姐妹俩却希望能和穷苦的乡亲们有福同享，于是开山进去并吹响了神奇的银喇叭，把100头金牛全部变成活的耕牛送给乡亲们，她们自己却因为忙着牵牛而耽误了逃出山眼的时间，永远地被关在了伏牛山里，那只银喇叭从此就变做牵牛花在乡间常开不败。

牵牛花的种子药用价值很高，药用名称为二丑、黑丑、白丑，黑丑为黑牵牛子，白丑为白牵牛子，二丑为黑、白丑的混合物。具有泻下、利尿、消肿、驱虫等功效，主治肢体水肿、肾炎水肿、肝硬化腹水、便秘、虫积腹痛等症。

牵牛花的可爱，在于它花的灿烂，叶的铺张，藤的缠绵。炎炎夏日里，缤纷牵牛花织就的彩帘装饰了我们的窗景，也装饰了每个都市人心中美丽的田园梦境。

栽培管理

环境和光照： 喜欢温暖气候，不耐寒。

栽培介质： 能耐瘠薄，但肥沃疏松、排水良好且富含腐殖质的栽培用土能使植株生长健壮、花大色艳、开花繁茂。

繁殖方法： 采用播种繁殖，种子颗粒较大，发芽快且容易。春季直接播于培养土中，3～7天可陆续出苗。

水分： 花多叶茂，夏季需每天浇水。

肥料： 生长季节，可每10天施入有机肥或复合肥1次。

发芽适温： 20～25℃

生长适温： 22～34℃

通常于阳台、露台、庭院中露天栽培，需设置木质、铁艺攀缘花架，可搭配红陶盆、石质盆、紫砂盆或其他素色瓷盆。

茑萝

养护难度指数：★★

观赏期：6~10月观花

花语：忙碌，相互关怀，互相依附。

如果你给我雨水
我就能瞬息茁长
如果你能给我支援
我就能飞旋直上
如果你不这么快离去
我们就能相会在天堂

读到舒婷的这首《茑萝梦月》，或许你会对茑萝这种花儿生出几多浪漫的联想来。但实际上，这种旋花科的一年生草质藤本植物，在我国民间却和牵牛花一样，是再朴素不过的平民花。

茑萝开出的花，喇叭状的花冠前端呈或深或浅的五裂，从正面看过去，就是一个五角星的样子，而它最常见的花色又恰好为鲜红色，所以就得了个很形象的俗名叫做“五星花”。茑萝常见的叶形为羽状叶，纤细秀丽，星星点点的小红花点缀其中，煞是活泼动人。除此以外，还有叶片心形的圆叶茑萝和叶片掌状分裂的槭叶茑萝品种，花色则还有白色、粉色。

我国传统的百花楹联里有“曲栏小院添花障，细叶柔藤绕竹篱”的句子，用来形容有茑萝装点的小庭院就特别合适。它的茎蔓柔软，极富攀缘性，是十分理想的绿篱植物，并且和牵牛花一样是好种易养的懒人植物，无需花费太多的心思，给它一点点阳光雨露，便可回报你繁盛的花事，甚至种子还有着很强的自播能力。所以说，别犹豫了，赶快动手一试吧。

栽培管理

环境和光照： 喜欢温暖的气候，不耐寒。

栽培介质： 能耐瘠薄，对土壤要求不严。

繁殖方法： 采用播种繁殖，发芽快且容易。春季直接播于培养土中，7天左右可陆续出苗。也可扦插繁殖，成活率高。

水分： 日常浇水视盆土干燥情况2～3天1次。

肥料： 生长季节，可每月施入有机肥或复合肥1次。

装饰建议

通常于阳台、露台、庭院中露天栽培，需设置木质、铁艺攀缘花架，可搭配红陶盆、石质盆、紫砂盆或其他素色瓷盆。

发芽适温： 20～25℃

生长适温： 15～35℃

紫罗兰

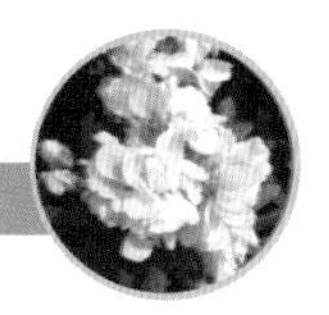

养护难度指数：★★★

观赏期：3～5月观花

花语：永恒的美、质朴、美德。

- 蓝色紫罗兰：警戒、忠诚、我将永远忠诚。
- 白色紫罗兰：让我们抓住幸福的机会吧。
- 紫色紫罗兰：在美梦中爱上你。

生辰花：4月10日。野生紫罗兰，花语：薄命。野生紫罗兰和同种类的石南堇相比，会显得花色较淡薄。和另一种相近的香甜紫罗兰相比，香味又淡得几乎没有，令人不禁想起红颜薄命这句话。因此，野生紫罗兰的花语就是——薄命。凡是受到这种花祝福而出生的人，美是美，但给人的存在感却很薄弱，容易被人忽视。然而加强存在感最好的办法，莫过于一场热烈的恋爱哦！

5月4日。花语：清凉。紫罗兰是一种盛开在五、六月间，成鞋钉状的花卉。其香气逼人，虽然属于野生植物，但是园丁特别喜欢把它种在窗台下。主要是希望借由紫罗兰把芬芳的香气带进屋子里。因此，紫罗兰的花语是——清凉。凡是受到这种花祝福而诞生的人，具有带给周遭的人爽朗的特质，纯纯的爱比较适合这样的你。至于目前流行的婚外情嘛还是少碰为妙。

11月15日。冬紫罗兰，花语：不可思议。冬紫罗兰花是献给中世纪时最重要的神秘主义者——13世纪德国的僧人卡多卢特。因此，此花的花语是——不可思议。受到这种花祝福而生的人，对灵异、神秘及不可思议的传说都极感兴趣，朋友也都认为你是个极神秘的人。对于感情则倾向于凭直觉选择对象，若直觉对的话还好；如果不对的话那可能就会有可怕的后果了。

紫罗兰的花名，和它的英文名violet一样，从骨子里透着浪漫和灵动的气息。

紫罗兰为十字花科紫罗兰属植物，花期为3～5月，是典型的春花。紫罗兰花期较长，花朵丰盛，花序硕大，色彩也很丰富，有红、粉红、蓝、紫、淡黄、白等色，并带有清新甜美的芳香，因此观赏价值很高。相对来说，它的重瓣品种要比单瓣的更加养眼耐看。此外，紫罗兰也是优秀的切花花材，很适合制成花艺小品用来装饰家居。

据希腊神话记载，司爱司美的女神维纳斯，因情人远行，依依惜别，晶莹的泪珠滴落到泥土上，第二年春天竟然发芽生枝，开出一朵朵美丽芳香的花儿来，这便是紫罗兰。紫罗兰原产于欧洲南部，在欧美各国极为流行并深受喜爱。它的花有淡淡幽香，欧洲人用它制成香水，备受女士们青睐。在中世纪的德国南部还有一种风俗，把每年第一束新采的紫罗兰高挂船桅，以祝贺春返人间。

紫罗兰在古希腊是富饶多产的象征，雅典人以它作为徽章旗帜上的标记，克里特人则把它们用于皮肤保养方面，他们将紫罗兰花浸在羊奶中当成乳液使用。然而，盎格鲁·撒克逊人则将它视为抵抗邪灵的救星。19世纪的人们以紫罗兰叶热敷恶性肿瘤的部位来减轻痛楚。在此之后，也曾用它来治疗胸腔方面的问题。

紫罗兰也是一种可食用花卉，它的花瓣制成的花茶具有滋润皮肤、除皱消斑的养颜功效，不但适合年轻美眉们饮用，同时对喉咙痛、支气管炎、便秘、清除口腔异味（如与薰衣草搭配效果更佳）也有疗效。

紫罗兰三首

现代　周瘦鹃

幽葩叶底常遮掩，不逞芳姿俗眼看；
我爱此花最孤洁，一生低首紫罗兰。

艳阳三月齐舒蕊，吐馥含芬却胜檀；
我爱此花香静远，一生低首紫罗兰。

开残篱菊秋将老，独殿群芳密密攒；
我爱此花能耐冷，一生低首紫罗兰。

栽培管理

环境和光照： 喜凉爽的气候，忌酷热，较耐寒，需通风良好的环境。

栽培介质： 喜疏松肥沃、土层深厚、排水良好的土壤，过于黏重的土质不利于其生长，一般腐叶土或山泥即可。

繁殖方法： 通常播种繁殖。多于秋季进行，播后覆土，2周可发芽。因其直根性强，须根不发达，宜早移植。

水分： 喜欢微潮偏干的土壤环境，生长期适当控水，花期需水量稍大。日常浇水视盆土干燥情况3～4天1次。

肥料： 定植时给植株施用适量有机肥作为基肥，当植株孕蕾后，每10天追施1次富含磷、钾的稀薄肥水。

病虫害防治： 主要病害有黄萎病、花叶病。生长季节发生黄萎病应根据发病情况喷65%代森锌可湿性粉剂500～600倍液，或敌锈钠250～300倍液防治。花叶病通过蚜虫传毒，应注意与其他毒源植物隔离，消灭蚜虫药剂可用植物性杀虫剂1.2%烟参碱2 000～4 000倍液或内吸药剂10%吡虫啉2 000倍液喷雾防治。

发芽适温： 20～26℃

生长适温： 6～30℃

装饰建议

通常于阳台、露台、庭院中露天栽培。也适合用于装饰客厅、餐厅，可搭配红陶盆、石质盆、紫砂盆或其他素色瓷盆，摆放在桌子、茶几、角柜上，作为家居的点缀。

矢车菊

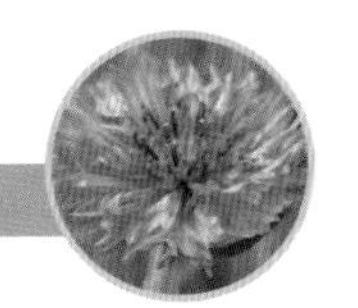

养护难度指数：★★★

观赏期：4～5月观花

花语：纤细、优雅、遇见幸福、单身的幸福、再生、热爱与忠诚、思念。

生辰花：5月29日。花语：温柔可爱。由于矢车菊的耐久性强，外形讨喜。因此在英国是一种相当受欢迎的插花素材。而它的花语是——温柔可爱。受到这种花祝福而生的人个性温柔可爱，经常受到周遭朋友的奉承。但有一点点严肃而含蓄，也因此造成了被动的性格。对于心仪已久的对象始终无法采取主动积极的态度，这是交友上的一大致命伤，若能稍加注意，就可以使自己更讨人喜欢。

6月28日。花语：人格。矢车菊是德国的国花，自古以来即为德意志帝国的普罗森王室之花，虽然外形弱不禁风，但是却象征着庄严和尊贵。所以矢车菊的花语是——人格。受到这种花祝福而生的人个性属于典型的外柔内刚，尽管外表看起来楚楚可怜，内心却是坚强无比相当杰出。可是在感情方面，刚开始谈恋爱的时候，最好不要表现的过于刚毅才好。

7月29日。花语：遇见。某些地方的少女，喜欢把摘下来的矢车菊压平后放进内衣里，经过1个小时之后，如果花瓣依然保持平坦、宽阔，那么就表示将遇见自己未来的另一半。因此，它的花语是——遇见。凡是受到这种花祝福而生的人，一辈子会遇见不少贵人：如良师益友或是理想伴侣等。不知你自己是否也这样认为呢？

10月15日。花语：朴素。香矢车菊是被选来献给托钵修道会的改革者——圣泰勤沙，所谓的托钵修道会是其所属的修士或修女们，都一定要将鞋子舍去，过着赤足生活的修道会。因此，香矢车菊的花语是——朴实。受到这种花祝福而生的人，心灵洁净，不被外界诱惑，单单纯纯的过着合乎人生本质的生活。如果能寻到一个和你有一致想法的人，就可拥有细致的爱情。

10月20日。花语：权力。黄矢车菊是被选来献给4世纪时，在埃及坚决阻止异教复活的基督教徒总督圣阿尔特弥斯，而它的花语是——权力。凡是受到这种花祝福而生的人非常顽固，常常因为坚持自己的信念而遭人厌恶；但是在感情方面，却有令人钦佩的包容心，你的另一半一定是位幸运的人！

童话大师安徒生在写《海的女儿》时第一句就说："在海的远处，水是那么蓝，像最美丽的矢车菊花瓣……"所以蓝色是矢车菊最经典的色彩。虽说这种菊科的草花也有许多其他花色，比如白色、红色、粉色、紫色等，然而在人们的印象中，始终只有如大海般纯净的蔚蓝，才是正宗的矢车菊花色，以至于矢车菊因此而得了诸如"蓝芙蓉"、"翠蓝"之类的别名。

欧洲是矢车菊的故乡，地处中欧的德国，在山坡、田野、房前屋后、路边和水畔都有矢车菊的踪迹。如少女般娟秀贤淑的矢车菊，深得德国人民的喜爱，被誉为德国的国花，它象征着日耳曼民族爱国、乐观、顽强、俭朴的品格。德国人之所以尊矢车菊为国花，有着这样的传说：普鲁士皇帝威廉一世的母亲路易斯王后，在一次内战中被迫离开柏林。逃难途中，车子坏了，她和两个孩子停在路边等待之时，发现路边盛开着蓝色的矢车菊，她就用这种花编成花环，戴在9岁的威廉胸前。后来威廉一世加冕成了德意志皇帝，仍然十分喜爱矢车菊，认为它是吉祥之花。

矢车菊纯露是很温和的天然皮肤清洁剂，用它提炼的花水可用来保养头发与滋润肌肤。另外，它对缓解因视力疲劳引起的眼部干涩很有帮助，是眼部保养很重要的花水。对于现代上班族、网络族来说，如果眼睛劳累的情形严重，可滴数滴花水于化妆棉或眼罩上，直接敷在眼部，疗效显著。此外，矢车菊还可帮助消化，舒缓风湿疼痛。有助于治疗胃痛、胃炎、胃肠不适、支气管炎。

栽培管理

环境和光照：喜阳光充足、凉爽的气候，较耐寒，忌夏季炎热。

栽培介质：较喜爱疏松肥沃、排水性佳的沙质壤土。栽培土应尽量使其排水及通气良好，土壤若黏性较重时，可混合3～4成的蛇木屑或珍珠石来改良。

繁殖方法：通常采用播种繁殖，于秋季进行。因为直根性，宜直播，不耐移植，移栽时一定要带土团，否则不易缓苗。

水分：日常浇水视盆土干燥情况2～3天1次。

肥料：矢车菊喜多肥，可每半个月施用稀释液肥1次。若是叶片太繁茂时，则应减少氮肥的比例，至开花前宜多施磷、钾肥，才能得到较硕大而花色美丽的花朵。

其他：矢车菊与其他草花不同之处在于喜密植，否则反而生长不良。

发芽适温： 15～25℃

生长适温： 5～25℃

装饰建议

通常于阳台、露台、庭院中露天栽培。也适合用于装饰客厅、餐厅，可搭配红陶盆、石质盆、紫砂盆或其他素色瓷盆，摆放在桌子、茶几、角柜上，作为家居的点缀。

一串红

养护难度指数：★★★

观赏期：7~11月观花

花语：家族爱，代表恋爱的心。

一串红为唇形科鼠尾草属草本花卉，因为花梃上有一串十几朵红色花而得名。它的花呈小长筒状，色彩红艳而热烈，轮伞形的花序开放时总体看去好像一串串红炮仗，故又名炮仗红或爆竹红。一串红原于产巴西，因此还有更雅致一些的别名叫做象牙红或西洋红。

因为色彩鲜艳讨喜，在城市的园林景观应用中，一串红通常是节日期间重要的花坛花卉。同样道理，你也可以用它来为家居增添节日的喜庆气氛。而且一串红生性较强健，花期长，从夏末到深秋开花不断，又不易凋谢，也算得上一种懒人植物，相信会带给你事半功倍的惊喜哦！

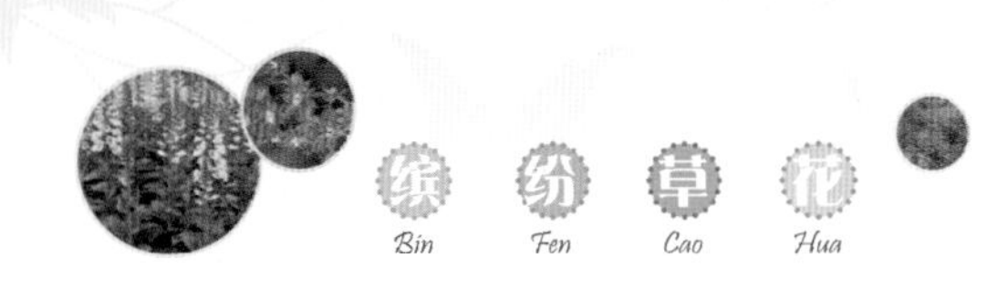

栽培管理

环境和光照： 性喜温暖湿润、阳光充足的环境，畏寒冷，忌干热气候。

栽培介质： 适应性较强，但在疏松肥沃、排水良好的土壤中生长良好。

繁殖方法： 通常采用播种和扦插繁殖。播种可在3～4月进行，苗高5～10厘米时移栽定植。扦插在气温15℃以上时皆可进行，选稍硬化的健壮枝条，截成6厘米长，插入插床中约一半深度，半个月即可萌发新根。也可从老植株上进行分根繁殖。

水分： 日常浇水视盆土干燥情况2～3天1次。

肥料： 可每半个月施用稀释液肥1次。

病虫害防治： 盆栽放置地点要注意空气流通，肥水管理要适当，否则植株会发生腐烂病或受蚜虫、红蜘蛛等侵害。发现虫害，可用40%乐果1 500倍液喷洒防治。

发芽适温：	16～21℃
生长适温：	10～25℃

装饰建议

通常于阳台、露台、庭院中露天栽培。也适合用于装饰客厅、餐厅，可搭配红陶盆、石质盆、紫砂盆或其他素色瓷盆，摆放在桌子、茶几、角柜上，作为家居的点缀。

购花建议

以枝条粗壮，叶色浓绿，分枝多且有花苞者较佳。

夏堇

养护难度指数：★★★

观赏期：6～10月观花

花语：青春、花样年华。

夏堇为玄参科蝴蝶草属一年生草本，因其外形像是堇菜科的草花，而且又是在夏季开花，所以被称为“夏堇”。夏堇的花色有紫青色、桃红色、蓝紫、深桃红色及紫色等，花期极长，为夏季少花时节之优美草花，其姿色幽逸柔美，在酷热的盛夏，能为我们带来几许凉意。夏堇尤其耐高温，所以很适合屋顶、阳台、露台等处的栽培，成熟的种子落地后，也能自行萌芽成长开花。

此外，夏堇也是民间常用的一味草药，俗称蓝猪耳。它味甘性凉，有清热解毒，利湿，止咳，和胃止呕，化淤的功效。

栽培管理

环境和光照： 属阳性植物，日照需充足，半日照下也可开花，夏季选稍遮阴处为佳。

栽培介质： 以肥沃之壤土或沙质土壤为佳。

繁殖方法： 夏堇一般于春季播种，因种子细小，可掺些细沙播种，播后可不覆土，但要用薄膜覆盖保湿，播后用浸水法浇水。10天左右即发芽，出苗后去掉薄膜，放在光线充足、通风良好的地方，待真叶5片或株高达10厘米时可移栽。

水分： 日常浇水视盆土干燥情况3～4天1次。

肥料： 可每半个月施用稀释液肥1次。

发芽适温： 20～30℃

生长适温： 20～35℃

装饰建议

通常于阳台、露台、庭院中露天栽培。也适合用于装饰客厅、餐厅，可搭配红陶盆、石质盆、紫砂盆或其他素色瓷盆，摆放在桌子、茶几、角柜上，作为家居的点缀。

购花建议

以分枝极多，枝叶茂盛，叶色浓绿且有花苞者为佳。

洋桔梗

观赏期：8~9月观花

花语：不变的爱。

洋桔梗这种花，仿佛草花当中的一位绝代佳人，让人一见而倾心进而难以释怀。

洋桔梗属龙胆科，别名叫做“草原龙胆”。它的茎、叶都是灰绿色，别致之处在于那钟形的花冠，花色有深紫、粉红、深红、白色，复色的品种更加漂亮，有白镶紫边或白镶粉红边，此外还有单瓣和重瓣之分。无论何种花色，都给人一种典雅清新明快的感觉，充满着欧陆风情。这样一种与生俱来超凡的西洋气质让洋桔梗成为国际上十分流行的高级切花花材，尤其在欧式花艺和日式花艺中应用最多，既高雅又柔美异常。

栽培管理

环境和光照： 对光照的反应比较敏感，长日照对洋桔梗的生长发育均十分有利，有助于茎叶生长和花芽形成，一般以每日16小时光照效果最好。

栽培介质： 要求肥沃、疏松和排水良好的土壤，选用加入草炭土、稻糠及少量石灰等改良的园土为佳。

繁殖方法： 常用播种繁殖，秋播或春播皆可。洋桔梗种子细小，播后不覆土，只需轻压即可，播后10~14天发芽。幼苗生长很慢，需谨慎管理，高10厘米左右时应摘心1次，促进侧枝萌发。

水分： 日常浇水视盆土干燥情况3~4天1次。喜空气湿润，生长期可多对茎叶喷雾保湿。

肥料： 栽植前加入厩肥、骨粉等作基肥，生长期可每个月追施液肥1次。

病虫害防治： 常见有茎枯病和叶斑病危害。茎枯病用10%抗菌剂401醋酸溶液1 000倍液喷洒。叶斑病用50%托布津可湿性粉剂500倍液喷洒防治。虫害有蚜虫、卷叶蛾为害，可用40%乐果乳油1 500倍液喷杀。

发芽适温： 22～24℃

生长适温： 15～25℃

装饰建议

通常于阳台、露台、庭院中露天栽培。也适合用于装饰客厅、餐厅，可搭配红陶盆、石质盆、紫砂盆或其他素色瓷盆，摆放在桌子、茶几、角柜上，作为家居的点缀。

勋章菊

养护难度指数：★★★

观赏期：4～5月观花

花语：我为你感到骄傲、深爱、清白、灿烂。

如果你是养花新手，第一次见到勋章菊，只怕又要忍不住感叹造化之力的神奇。是的，它之所以被称做“勋章菊”，的确恰如其分。因为在它开出的每朵舌状花基部的花心里都有个环状的黑色或褐色斑眼，花瓣又带着明亮的金属光泽，这就让它的整个花序看起来实在像极了一枚英雄勋章。

勋章菊常见的园艺栽培品种有小调、黎明、迷你星、天才、太阳等，它的花色五彩缤纷鲜艳美丽，有红、白、黄、橙红、粉色，花朵日开夜闭，一朵花可开放10天之久，极有情趣，是非常好的花坛、花径镶边材料和插花材料。

栽培管理

环境和光照：性喜温暖向阳的气候，好凉爽，不耐冻，忌高温、高湿与水涝。

栽培介质：要求肥沃、疏松和排水良好的土壤，盆栽可用培养土、腐叶土和粗沙的混合土。

繁殖方法：常用播种繁殖，秋播或春播皆可。播后微微覆土，注意保湿，7～10天即发芽。

水分：日常浇水视盆土干燥情况2～3天1次。

肥料：生长期可每半个月追施液肥1次。

病虫害防治：病虫害有叶斑病、蚜虫和红蜘蛛，叶斑病可每7～10天喷1次25%的多菌灵可湿性粉剂或百菌清700～1 000倍液防治，蚜虫每10～15天喷1次2 000倍敌杀死或1 000倍敌敌畏防治，红蜘蛛可用40%氧化乐果乳油1 500倍液喷杀。

其他：种子覆有绒毛，成熟后会随风飞走，要注意采收。

发芽适温：20℃左右

生长适温：10～30℃

装饰建议

通常于阳台、露台、庭院中露天栽培。也适合用于装饰客厅、餐厅，可搭配红陶盆、石质盆、紫砂盆或其他素色瓷盆，摆放在桌子、茶几、角柜上，作为家居的点缀。

中国石竹

养护难度指数：★★★

观赏期：4～10月观花

花语：纯洁的爱、才能、大胆、女性美。

生辰花：5月1日。花语：友好。红石竹是一种雌雄异株的植物，有只有雄蕊的雄株和只有雌蕊的雌株两种，如果要传宗接代就必须同时具有雄株和雌株才行。另外，红石竹旁边常盛开着白石竹，将这二者交配会开出色彩柔和的粉红色花朵。因此它的花语是——友好。受到这种花祝福而诞生的人，通常人际关系都相当不错，而且异性朋友也不少。不过，在众多好友之中谨慎选择终身伴侣，才是明智之举！

6月4日。花语：悲苦。这种原产地在亚洲东部的石竹，盛开的花朵呈红色或红白相间。但是这种花的开花时间非常短暂，相对的生命力也就显得较柔弱。因此，它的花语是——悲苦。在这一天出生的人比较有机会去体验生活中各种酸甜苦辣的滋味，同时也比较懂得体贴、关怀周遭的人与事。另外，也因为这种性格导致以消极的态度面对生活。因此，你必须记住，要以积极乐观的态度去迎接人生中大大小小的境遇。

中国石竹为石竹科石竹属多年生草本植物，常作一二年生栽培。它常生在山间坡地，与岩石为伴，其叶似竹叶，其茎有节，亦膨大似竹，故得名“石竹花”。中国石竹开的花通常为单朵或数朵簇生于茎干的顶端，形成聚伞花序，花色有紫红、大红、粉红、纯白、淡紫或复色，多为单瓣花，花瓣正面带有深色的美丽环纹，边缘还有小锯齿，盛开之时瓣面如盘且闪着丝绒般的光泽，可谓绚丽多彩，因而它还有个好听又极其形象的别名——“十样锦”。石竹花的植株比较低矮，开花性又很好，花期也很长，因此除了普通的盆栽，也很适合在庭院或花园里作为地被植物大面积地成片栽植。

石竹是中国传统名花之一，传说东汉时期，洛阳城外的邙山里，有个美丽贤惠的媳妇，名叫石花，她很喜爱竹子，因不从强盗的凌辱，用剪刀自尽。后来，在她鲜血浸过的地方，长出了枝叶像竹子，鲜血般深红的花朵。皇帝刘秀听说后，派人带回花株种在御花园里，赐名“石竹”，并封她丈夫为洛阳太守。此后，洛阳家家户户都种石竹，故石竹又名“洛阳花”。

另外，石竹花有吸收二氧化硫和氯气的本领，是一种健康活氧花卉，凡有毒害气体的地方可以多种。石竹还可以全草或根部入药，具清热利尿、破血通经之功效。

发芽适温：21～22℃

生长适温：15～25℃

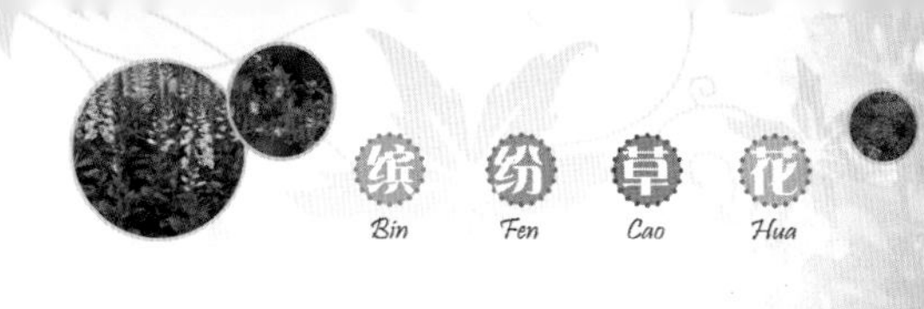

云阳寺石竹花

唐　司空曙

一自幽山别，相逢此寺中。高低俱出叶，深浅不分丛。

野蝶难争白，庭榴暗让红。谁怜芳最久，春露到秋风。

这首诗里诗人以悠闲的心情描绘出石竹的形态，以野蝶、石榴的对比显示出石竹花色的秀美。

石竹花

宋　王安石

春归幽谷始成丛，地面芬敷浅浅红。

车马不临谁见赏，可怜亦解度春风。

诗人爱慕石竹之美，又表达了对它不被人们所赏识的怜惜之情。

栽培管理

环境和光照：喜阳光充足、干燥通风及凉爽湿润的气候。耐寒、耐干旱，不耐酷暑，夏季多生长不良或枯萎，栽培时应注意遮阴降温。

栽培介质：要求肥沃、疏松、排水良好及含石灰质的壤土或沙质壤土。

繁殖方法：播种繁殖一般在9、10月进行，播后保持盆土湿润，5天即可出芽，当苗长出4～5片叶时可移植，翌春开花。扦插繁殖在10月至翌年2月下旬到3月进行，枝叶茂盛期剪取嫩枝5～6厘米长作插条，插后15～20天生根。分株繁殖多在花后利用老株分株，可在秋季或早春进行。

水分：日常浇水视盆土干燥情况3～4天1次。

肥料：生长期可每半个月施用稀薄液肥1次。

病虫害防治：常有锈病和红蜘蛛危害。锈病可用50%萎锈灵可湿性粉剂1 500倍液喷洒，红蜘蛛用40%氧化乐果乳油1 500倍液喷杀。

装饰建议

通常于阳台、露台、庭院中露天栽培。也适合用于装饰客厅、餐厅，可搭配红陶盆、石质盆、紫砂盆或其他素色瓷盆，摆放在桌子、茶几、角柜上，作为家居的点缀。

日日春

养护难度指数：★★★

观赏期：6～9月观花

花语：快乐，回忆，青春常在，坚贞。

日日春通常也叫长春花，为夹竹桃科长春花属的草本植物，原产于地中海沿岸、印度、热带美洲，在我国的栽培历史并不长。但由于它抗热性强，在少花的夏季里花事繁盛，而且新开发的园艺品种很多，开花期长，花色丰富，因此受到花友们的喜爱，近些年已成为一种时尚的夏季草花。

日日春的分枝很多，长椭圆状的叶片对生，叶面上有明显的白色主脉。聚伞花序顶生，每朵花都是五个花瓣，花朵中心有深色洞眼，花有红、紫、粉、白、黄等多种颜色。它的嫩枝顶端每长出一片叶，叶腋间即冒出两朵花，因此花朵特别多，花期特长，花势繁茂，从春到秋开花从不间断，生机蓬勃，所以才得了“日日春”之美名。

常见的园艺品种有：杏喜，花粉红色，红眼；蓝珍珠，花蓝色，白眼；椒样薄荷，花白色，红眼；冰粉，花粉红色；山莓红，花深红色，白眼；阳伞，花径5.5厘米，是日日春中最大的花；热情，花深紫色，黄眼；热浪系列，是日日春中开花最早的品种，有开紫红色花的兰花（品种名），开淡紫蓝色花的葡萄；小不点系列，其中琳达花玫瑰红色，小白花白色，亮眼花白色，深玫瑰红眼。

美丽时尚的日日春还有着很高的药用价值，全草入药可止痛、消炎、安眠、通便及利尿等。它还是一种防治癌症的良药，据现代科学研究，日日春中含55种生物碱。其中长春碱和长春新碱对治疗一些恶性肿瘤、淋巴肉瘤及儿童急性白血病等都有一定疗效，是目前国际上应用最多的抗癌植物药源。但需要注意的是它也有一定的毒性。

栽培管理

环境和光照：为阳性植物，生长、开花均要求阳光充足，光照充足还有利于防止植株徒长。冬季阳光不足，气温降低，不利于生长。

栽培介质：宜肥沃和排水良好的土壤，耐瘠薄土壤，偏碱性、板结、通气性差的黏质土壤，会导致植株生长不良，叶子发黄，不开花。

繁殖方法：通常采用播种繁殖，也可用扦插法繁殖。种子春播，当苗长出4～5对真叶时可移栽，具6～7对真叶时即可定植。嫩枝扦插也在春季进行。

水分：日常浇水视盆土干燥情况2～3天1次。

肥料：为促进多开花，生长期可每半个月施肥1次，有机肥或复合肥均可。

发芽适温： 22～25℃

生长适温： 15～30℃

装饰建议

通常于阳台、露台、庭院中露天栽培。也适合用于装饰客厅、餐厅，可搭配红陶盆、石质盆、紫砂盆或其他素色瓷盆，垂悬品种也可搭配吊盆，或摆放于花架上，作为家居的点缀。

向日葵

养护难度指数：★★★

观赏期：6～12月观花

花语：光辉、高傲、忠诚、爱慕、勇敢地去追求自己想要的幸福、沉默的爱。

生辰花：8月24日。花语：太阳。向日葵具有向光性，人们称它为“太阳花”，随太阳回绕的花。在古代的印加帝国，它是太阳神的象征。因此，向日葵的花语就是——太阳。受到这种花祝福而诞生的人，具有一颗如太阳般明朗、快乐的心。他是许多人倾慕、仰赖的对象，也因此他始终无法安定下来，并认真地接受一份感情，具有晚婚的倾向。

8月25日。花语：投缘。野生向日葵的用途很广，种子可以做成点心，还可以提炼食用油，叶片是家畜喜爱的饲料，花可以做成染料等。它和我们的日常生活可是息息相关的，是一种和人类相当投缘的植物。因此，它的花语是——投缘。受到这种花祝福而生的人是理想的情人，更是最佳的终身伴侣。为了让你的他（她）早日出现，请主动积极一点。

看过电视剧《金粉世家》的人，一定都曾为片尾曲中大片金灿灿的向日葵地而感到心灵震撼吧？其实心动不如行动，你也可以亲自在家种上几株向日葵哦。

向日葵是菊科一年生草本植物。16世纪初，西班牙人在秘鲁和墨西哥的山地上，看到黄澄澄的花田，那便是满山遍野的向日葵，肥大的绿叶烘托着一个金灿灿的硕大花盘，金黄色的花瓣，黄色或褐色的花心，轮廓像太阳一样。这种花朵充满了活力，因为植物的向性运动而日日向阳而开，花盘追随着太阳而运转。发现它们的人认

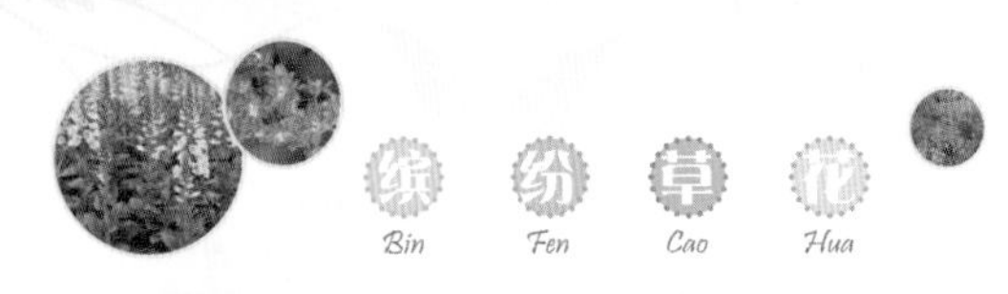

为这是“上帝创造的神花”，将它带回欧洲作为观赏植物种植，并取名太阳的花朵，即向日葵。因为总是向日而开，它又得了向阳花、望日莲、朝阳花之类的别名。

希腊神话中相传有个叫克来狄亚的少女美丽而多情，她非常倾慕太阳神阿波罗，一生的愿望便是天上那坐着金光灿灿马车的阿波罗神会有一天停下脚步看见自己，哪怕只是看自己一眼就已经足够。但是她的愿望最终并没有达成，阿波罗神每天仍然坐着那金光灿灿的马车匆匆而过。一年又一年，她在每天仰望的地方化成了一株植物，每日翘首以盼地向着太阳，继续祈盼着阿波罗神的眷顾，继续着自己对阿波罗神的倾慕，那株植物便是向日葵。

向日葵被秘鲁人民称为“黄金之花”而尊为国花，在古印加帝国，曾以纯金向日葵作为太阳神皇冠，秘鲁的神殿中也以黄金打造的向日葵作为饰花、供花、女祭司的胸牌和发冠等。前苏联人民也热爱向日葵，并将它定为国花，现在俄罗斯的国花仍然是向日葵。

向日葵又大又圆的花朵往往给人一种童趣可爱的感觉，但你可千万别以为它只有黄色的品种。有一种专为家庭园艺爱好者引进的品种“光辉”，花瓣暗红，花芯黑色，就相当地别致，观赏效果绝佳。除此以外，还有重瓣的新品种如玩具熊，看起来像个黄色的绒线球，同样让人耳目一新。

除了观赏，向日葵还一身是宝，它的种子可以制成葵花瓜子和榨油，茎能制纸。其种子、花盘、茎叶、茎髓、根、花等均可入药。葵花子性味甘平，入大肠经，有驱虫止痢之功；花盘有清热化痰，凉血止血之功，对头痛、头晕等有效；茎叶可疏风清热，清肝明目；根可清热利湿，行气止痛；果盘（花托）有降血压的作用。

发芽适温：18～25℃

生长适温：15～30℃

栽培管理

环境和光照： 喜阳光充足和温热环境，不耐阴，不耐寒。

栽培介质： 栽培用土应排水良好，且疏松肥沃为佳，如能含有大量的腐殖质则生长茂盛，根系发达不易倒伏。

繁殖方法： 主要采用播种繁殖。播种多于春季3～4月进行，覆土约1厘米，5～7天即可出苗，发芽率高。

水分： 夏季生长较为迅速，可每天浇水。

肥料： 定植前施入基肥，生长期一般每月追施1～2次饼肥，可使花大美观。

病虫害防治： 常见的病害有白粉病和黑斑病。发病时可以清除残株，同时喷洒75%百菌清可湿性粉剂500倍液或70%甲基托布津可湿性粉剂800倍液进行防治。虫害主要有盲蝽和红蜘蛛为害，可用40%氧化乐果乳油800倍液或73%克螨特乳油1500倍液进行喷雾防治。

装饰建议

通常于阳台、露台、庭院中露天栽培。也适合用于装饰客厅、餐厅，可搭配红陶盆、石质盆、紫砂盆或其他素色瓷盆，摆放在桌子、茶几、角柜上，作为家居的点缀。

羽扇豆

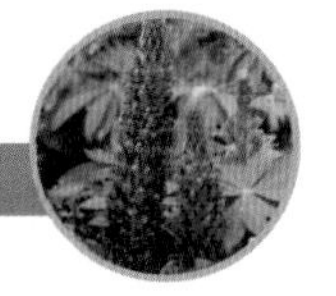

养护难度指数：★★★

观赏期：4～6月观花

生辰花：7月13日。花语：苦涩。羽扇豆的学名“*Lupin*”在希腊文里是“悲苦”的意思。它的种子苦涩异常，含在嘴里令人皱眉，看起来似乎很痛苦的样子。因此它的花语是“苦涩”。受到这种花祝福而生的人，老是被认为“狗嘴里吐不出象牙”，喜欢实话实说，不懂得看场合。这种直肠子个性，最好改一改，否则会吃闷亏的。

7月14日。生辰花：白色羽扇豆。花语：多才多艺。1917年在德国汉堡市举行的羽扇豆巡礼展，内容包括羽扇豆布料、羽扇豆浓汤、起司、酒、咖啡及肥皂、信纸等等。这的确是一种用途广泛的植物，因此它的花语是——多才多艺。凡是诞生于这一天的人天赋异秉、多才多艺，唯独在感情上表现得极为笨拙，不过笨拙的模样反而惹人怜爱！

说起羽扇豆，很多人可能会觉得比较陌生，但你一定听过许多年前台湾歌手甄妮唱的那首动人心弦的童谣《鲁冰花》：天上的星星不说话，地上的娃娃想妈妈，天上的眼睛眨呀眨，妈妈的心呀鲁冰花。家乡的茶园开满花，妈妈的心肝在天涯，夜夜想起妈妈的话，闪闪的泪光鲁冰花……那么这个有着美丽芳名的鲁冰花，正是我在这里要推荐给你们的草花羽扇豆。

羽扇豆为豆科羽扇豆属一二年生草本花卉，它长着掌状的复叶和形如鸡毛掸子一样的大花穗，花色极为丰富，有蓝、红、紫、浅紫、粉红、橙、黄、白等。羽扇豆原本为野生植物，但因为花穗美丽养眼，近些年已引进成为广泛栽培的家庭园艺品种，将它们丛植在庭院中作为花境的背景，会带来一种别样的异域风情。另外，羽扇豆的花穗也已日渐成为备受花艺大师们青睐的切花花材。

羽扇豆的品种很多，其中特别值得一提的是一种原产于美国得克萨斯州的得克萨斯羽扇豆，这种花的花色和花瓣颇具特色，酷似当地妇女常戴的太阳帽，因而得名“蓝帽花”。地处美国南部的得州以盛产野花出名，据统计，那里的野花品种多达5 000余种，它们组成了一道瑰丽多彩的风景线，令人眼花缭乱目不暇接。每年的3～5月，得州无论城市还是乡村都要举办规模盛大的“野花节”。在众多的野花中，蓝帽花深受得克萨斯人的喜爱，被选为“州花”。在“野花节”上，“最漂亮的蓝帽花宝宝大赛”已成为最引人注目的传统活动之一，荣获冠军的参赛者可获得丰厚的奖金，受到大家的尊重。

在羽扇豆也就是鲁冰花广受欢迎的美国，图画书作家芭芭拉·库尼写过一篇自传体童话《花婆婆》，其中讲述了一个让世界变得更美好的鲁冰花的故事：小女孩的爷爷对她说，希望她长大以后能做一件让这个世界变得更美丽的事。小女孩答应了爷爷，可是她并不知道要做些什么，才能让世界变得更美丽。直到有一天，小女孩已经长大，旅行过很多地方，最后因为生病了，只好在海边的一座小屋住下。她躺在床上，每天望着窗外的海浪和风景，忽然发现去年她随手撒下的鲁冰花种子，居然全都开出了美丽的花。小女孩想起答应爷爷的事，于是她买了一包又一包鲁冰花种子，撒在每一个角落。第二年春天，整个小镇都开满了美丽的鲁冰花。

装饰建议

通常于阳台、露台、庭院中露天栽培。也适合用于装饰客厅、餐厅，可搭配红陶盆、石质盆、紫砂盆或其他素色瓷盆，摆放在桌子、茶几、角柜上，作为家居的点缀。

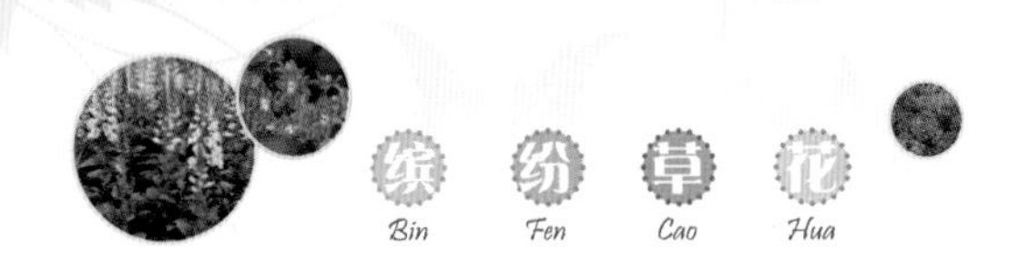

栽培管理

环境和光照： 喜气候凉爽、阳光充足的地方，较耐寒，忌炎热，略耐阴。

栽培介质： 要求土层深厚、肥沃疏松、排水良好、酸性沙壤土（pH5.5），中性及微碱性土壤植株生长不良。

繁殖方法： 主要采用播种繁殖。因主根发达，须根少，不耐移植，宜直播，通常于秋季9～10月中旬进行。种皮较硬，需用温水浸泡1天，待种子胀大后播下，覆土1厘米，半个月后可陆续发芽。

水分： 日常浇水视盆土干燥情况3～4天1次。

肥料： 生长期一般每月追施1次稀薄饼肥水即可。

发芽适温：	21～24℃
生长适温：	15～25℃

非洲凤仙

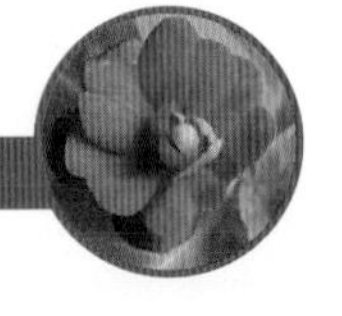

养护难度指数：★★★

观赏期：全年观花

花语：不要碰我。

生辰花：8月10日。花语：野丫头。凤仙花的种子，一到成熟时刻就随风飞舞，它的模样看起来好像充满了活力。因此有“跳跃的小贝蒂”、“可爱的野丫头”等称，所以它的花语就是——野丫头。凡是受到这种花祝福而生的人，个性非常活泼好动，好像一个活蹦乱跳的小精灵。情感无忧无虑的，甚至可能未谈过恋爱，所以无从体会其中的酸甜苦辣。

非洲凤仙为凤仙花科凤仙花属多年生草本，原产于非洲，故名非洲凤仙。此外，又有别名“洋凤仙”，这个别名或许是为了把它和大家都很熟悉，可以用来染指甲的中国凤仙区分开来，因为这两种凤仙虽说同科同属，却有着很大的不同。

凤仙花的果实成熟后只要稍微触碰种子就会弹出，以争取生长空间，所以它的英文名又叫“Touch-me-not”，意即“不要碰我啦”。传说有一天，古希腊的众神在宫廷举行宴会，忽然发现有一个金苹果不见了，众神怀疑是担任招待的女神偷走的，就将她赶出宫外。那位女神蒙受不白之冤，心中十分委屈，却无法申辩，忍不住伤心哭泣最后竟气绝而死。不久，在那里长出了一株美丽的凤仙花，只要有人碰触它的果实，便会立刻迸开，仿佛是在急于证明她清白无辜的心。

在欧美的草花装饰应用中，非洲凤仙花排在第一位。原因在于它有一个亮丽的花色系列，红、橙红、粉红、紫、白、粉等，还有复色，并且长势旺盛，管理简单。单瓣品种的非洲凤仙花形扁平，重瓣品种开出的花好似玫瑰和茶花，所以又名“玫瑰凤仙”或“茶花凤仙”，都有着金牌级的园艺观赏价值。

除了家居栽植，富有创意的老外们还把非洲凤仙花制成花球、花墙、花柱和花伞，或用来装饰灯柱，那些豪华又绚丽夺目的园艺小景，可是会让你大开眼界的哦。

凤仙花

宋　杨万里

细看金凤小花丛，费尽司花染作工；
雪色白边袍色紫，更饶深浅四般红。

醉花阴

元　陆琇卿

曲阑凤子花开后，捣入金盆瘦。
银甲暂教除，染上春纤，一夜深红透。
绛点轻襦笼翠袖，数颗相思豆。
晓起试新妆，画到眉弯，红雨春心逗。

凤仙花

元　杨维桢

金盘和露捣仙葩，解使纤纤玉有暇。
一点愁疑鹦鹉喙，十分春上牡丹芽。
娇弹粉泪抛红豆，戏掐花枝缕绛霞。
女伴相逢频借问，几番错认守宫砂。

后两首诗词描绘的都是古代女子用凤仙花（中国凤仙）染红指甲的详细情形，就和现如今的美眉们绣指甲一样，是流行的美容时尚。

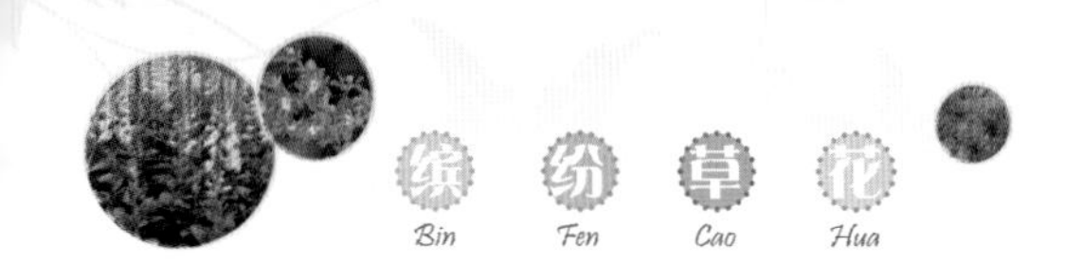

栽培管理

环境和光照： 除夏日强光适当遮阴外，可见全光照，过阴开花不良。

栽培介质： 喜疏松、排水良好的土壤，可用腐叶土加等量菜园土及少量有机肥、河沙混合成营养土。

繁殖方法： 通常采用播种繁殖，也可用扦插法繁殖。种子直播，无需覆土，发芽率高，约1周即可发芽。

水分： 幼苗期必须保持盆土湿润，切忌脱水和干旱，对根系和叶片生长不利。成株生长期保持盆土湿润，但不能积水，否则植株烂根死亡。日常浇水视盆土干燥情况3～4天1次。

肥料： 苗期以通用型肥料为主，10天施肥1次，成株增施磷、钾肥。

病虫害防治： 常有叶斑病危害，可用多菌灵喷洒防治。虫害主要为蚜虫危害，可用氧化乐果等喷杀。

其他： 非洲凤仙对温度的反应比较敏感，5℃以下植株易受冷害。性喜空气湿润，夏、秋空气干燥时，应经常喷水，对茎叶生长和分枝有利。

发芽适温： 22～30℃

生长适温： 15～32℃

装饰建议

通常于阳台、露台、庭院中露天栽培。也适合用于装饰客厅、餐厅，可搭配红陶盆、石质盆、紫砂盆或其他素色瓷盆，也可搭配吊盆，或摆放于花架上，作为家居的点缀。

风铃草

养护难度指数：★★★★

观赏期：4～6月观花

花语：来自远方的祝福，温柔的爱。感谢。喜欢此花的你是个知恩图报的人，别人给你的恩惠，你会铭记于心。但你极度自我，相信自己的感觉，对人有点冷漠，而且很在意别人的缺点，令身边的朋友都不敢轻易走近你，逐渐被孤立。

花签言：人没有十全十美的，包括你自己。

生辰花：4月23日，花语：嫉妒。希腊神话中出现的风铃草，被太阳神阿波罗热恋。嫉妒的西风便将圆盘扔向风铃草的头部，流出来的鲜血溅在地面上，便开出了风铃草的花朵。因此它的花语就是嫉妒。凡是受到这种花祝福而生的人，独占欲比较强，希望恋人24小时都属于自己。不过，这样多半会产生反效果！

6月22日，花语：创造力。纪念公元5世纪意大利圣人坎特帕里的大主教圣帕里努斯，他的艺术天分为人们创造了许多优美的诗歌。因此这种花的花语是创造力。凡受这种花祝福而生的人本身即具有非常优异的创造力，也因此具有一股吸引人的艺术气质，个性独立自主，不喜欢依赖别人。

见到风铃草的名字，你是否立刻联想到摇曳于风中叮咚作响的可爱风铃挂饰呢？没错，这种桔梗科风铃草属的二年生草本植物开出的花简直像极了那些玻璃小钟形的风铃。

风铃草的总状花序顶生，花冠呈钟形，极为美观，所以又有别名叫做钟花或瓦筒花。通常用于家庭栽培的常见品种有蓝色的“蓝钟”，紫色的“紫晶”，白色的“铃铛”，粉红的“尖顶”等。

传说中的风铃草是仙踪林里花仙子们的守护神，在开花后的几天就要被送到怪兽亚昆的巢穴里去。从出生的时候开始，这便是她必须要面对的悲剧命运。那一刻她的灵体将幻化为少女窈窕的身姿，等待怪兽亚昆的出现，然后接受安吉拉的祝福，在众姐妹的眼泪和挥手中，告别花园前往怪物的巢穴，作为换取仙踪林和平与祥和的礼物。这是仙踪林里亘古而来的一种仪式，风铃草生生世世都逃不出这种苦难，尽管可以幻化成美丽的少女是令其他花草姐妹们艳羡的事儿。

这个美丽的传说足以说明风铃草的形象是多么的绰约动人。中看而外，它也很中用，风铃草全草可入药，具有清热解毒、止痛的功效。

栽培管理

环境和光照： 小苗越夏时，应给予一定程度的遮阴，避免强日照。短日照有利于营养生长，成株需在长日照下才能开花。

栽培介质： 喜疏松、肥沃、排水良好的中性土壤，可用腐叶土、菜园土等量加少量有机肥混合成营养土。

繁殖方法： 用播种繁殖，种子细小，可采用直播，无需覆土。当种子成熟后立即播种，次年植株可以开花。如秋凉再播，多数苗株要到第三年春末才开花。

水分： 生长期保证水分供应，土壤宜湿润，冬季需控水，偏干为宜。日常浇水视盆土干燥情况3～4天1次。

肥料： 10天施肥1次，苗期以含氮量较高的复合肥为主，春季增施磷、钾肥，有利于花芽分化。

病虫害防治： 病虫害较少，一般不用防治。

其他： 苗期摘心，可促发侧枝，使株形圆满，但摘心后，分枝多，花朵变小。5℃以上可安全越冬。

发芽适温： 15～18℃

生长适温： 15～20℃

通常于阳台、露台、庭院中露天栽培。也适合用于装饰客厅、餐厅，可搭配红陶盆、石质盆、紫砂盆或其他素色瓷盆，摆放在桌子、茶几、角柜上，作为家居的点缀。

旱金莲

养护难度指数：★★

观赏期：2～5月观花

花语：爱国心。

生辰花：9月6日。花占卜：您是个独立冷静的人，思想成熟，从不倚赖他人。乍看之下，别人误以为您是个极难相处的人，但事实上您非常照顾家庭，只不过欠缺细心的关怀，对待爱情比较被动和冷感。

花签言：爱情无处不在，只是您心不在焉。

旱金莲是旱金莲科多年生肉质草本花卉。它碧绿肥美的叶片呈圆盾形，叶柄细长，神似我们大家都非常熟悉的莲叶，只不过它并不是水生，而是生长在陆地上的土壤里头，开出的花又多为橘红色系，因此得名旱金莲。此外，它又有别名叫做旱莲花、旱荷或者大红雀。

旱金莲为攀缘性植物，它蔓茎缠绕，叶肥花美，花色有紫红、橘红、乳黄，近几年又开发出乳白色的园艺新品种，而且花期特长，在环境条件适宜的情况下全年均可开花，一朵花可维持8～9天，全株可同时开出几十朵花，且香气扑鼻，再加上它比较容易栽培，只需粗放管理便可强健生长，所以很值得新手尝试。

旱金莲的植株具有匍匐性，如若在花园里用做地被植物，仿佛古人所说的“步步生莲华”，有着上佳的装饰效果。

此外，它也是一种可食用花卉，其嫩梢、花蕾及新鲜种子皆可作为辛辣调味品。

栽培管理

环境和光照：性喜阳光，喜温暖、湿润的气候，忌夏季高温酷热，不耐涝。

栽培介质：对土质无特殊要求，以疏松、排水良好的沙质壤土为佳。可用腐叶土、园土、有机肥加少量珍珠岩或河沙混合配制。

繁殖方法：通常采用播种繁殖，也可用扦插法繁殖。播前用40～45℃的温水浸泡24小时，播后覆土1～1.5厘米，一般10天左右可以陆续出苗。扦插一般在春季4～5月进行，选生长健壮的嫩茎作插穗，去除下部叶片扦插，放通风半阴处，保持土壤湿润，2～3周可生根。

水分：浇水过少易导致叶片缺水黄化，过多则易烂根死亡。日常浇水视盆土干燥情况约2天1次。

肥料：施肥以磷、钾肥为主，少施氮肥，否则枝叶生长过于旺盛而影响开花，生长期半月施薄肥1次即可。

装饰建议

通常于阳台、露台、庭院中露天栽培。也适合用于装饰客厅、餐厅，可搭配红陶盆、石质盆、紫砂盆或其他素色瓷盆，也可搭配吊盆，或摆放于花架上，作为家居的点缀。

玛格丽特

养护难度指数：★★★

观赏期：2～5月观花

花语：预言恋爱、暗恋、冷静。自古以来，人们就把玛格丽特视为一种功效显著的药草。除了可以止咳化痰、治气喘外，还是一种抑制亢奋神经的镇静剂。它的花语即是“冷静”。凡受到这种花祝福而生的人，具有沉着冷静的性格，在朋友之间最适合担任调停的角色。即使对于感情也是非常冷静，不过，亲密伴侣总是希望你能够热情、浪漫一点……

生辰花：9月3日。花语：爱在心中。

花占卜：您对自己缺乏信心，对爱情持怀疑的态度，经常占卜问卦，只为心安理得。您好幻想，又相信自己的幻想，为一点小事也会和情人吵闹、分手，借此测试对方是否爱您，这种伎俩只可偶而为之，弄假成真时便后悔莫及。

花箴言：任性是不能解决爱情疑惑的。

玛格丽特是近年来备受年轻花友们大爱和追捧的热门草花。它的园艺品种以白色最为常见，被花友们昵称为“白玛”，此外也有粉色和黄色品种，分别叫“粉玛”和“黄玛”。

这种菊科木茼蒿属多年生草本，又名茼蒿菊、蓬蒿菊、木春菊、法兰西菊、小牛眼菊等。至于“玛格丽特”这个格外娇俏的名字来由，却是因为在16世纪时，挪威的公主Marguerite十分喜欢它开出的清新脱俗的小白花，所以就以自己的名字替花儿命名。在西方，玛格丽特也有“少女花”的别称，为许多年轻少女所珍爱。

而丹麦的童话作家安徒生的生花妙笔之下也曾开放过这样一朵心地纯洁又善良的小玛格丽特——“啊，草是多么柔软！请看，这是一朵多么甜蜜的小花儿——它的心

是金子，它的衣服是银子。”小白菊和会唱歌的百灵鸟成了好朋友，每天欣赏着鸟儿动听的歌唱。有一天百灵鸟不幸被两个男孩抓去关进鸟笼，而小白菊也和它周围的草皮一起被挖起放进鸟笼去陪伴百灵鸟，淘气的孩子们以为给了鸟儿很高的礼遇，失去自由的鸟儿却痛苦万分。几天后健忘的孩子忘了给鸟儿喝水，受囚的百灵鸟终于干渴而死，在它生命的最后时刻，只有小白菊默默地陪伴着它，并用尽全力为它释放了最后一缕芬芳。

特别值得一提的是玛格丽特有着卓著的食疗保健功效。它含有一种特殊香味的挥发油，有助于宽中理气、消食开胃、增加食欲，其中所含粗纤维有助肠道蠕动，能促进排便；能够清血养心、稳定情绪，防止记忆力减退；还有利小便，降血压、补脑的作用。

小贴士

玛格丽特保健食谱

茼蒿蛋白饮

原料：鲜茼蒿250克，鸡蛋3枚。

做法：将鲜茼蒿洗净，鸡蛋打破取蛋清；茼蒿加适量水煎煮，快熟时，加入鸡蛋清煮片刻，调入油、盐即可。

特色：具有降压、止咳、安神的功效。对高血压性头昏脑涨，咳嗽咯痰及睡眠不安者，有辅助治疗作用。

拌茼蒿

原料：茼蒿250克。

做法：先将茼蒿洗净，入滚开水中焯过，再以麻油、盐、醋拌匀即成。

特色：辛香清脆，甘酸爽口，具有健脾胃、助消化的功效，对于胃脘痞塞、食欲不振者，有良好的辅助治疗作用。

栽培管理

环境和光照： 喜凉爽、湿润的环境，忌高温多湿。耐寒力不强，在最低温度5℃以上的温暖地区才能露地越冬。

栽培介质： 要求富含腐殖质、疏松肥沃、排水良好的土壤。盆土可用腐叶土4份、园土5份、沙土1份混匀配制。

繁殖方法： 主要采用扦插繁殖，通常在春、秋季进行。扦插苗上盆后，待长到10～12厘米高时，需进行第1次摘心，促使其产生分枝，以后根据需要再度进行1～2次摘心，使植株矮化，叶茂花繁。

水分： 浇水要见干见湿，以偏干些为好。日常浇水视盆土干燥情况3～4天1次。

肥料： 生长期一般每10～15天追施1次稀薄饼肥水，花芽分化期，改施以磷肥为主的液肥1～2次，显蕾后即停止施肥。

其他： 怕炎热，入夏后天气渐热，叶子会出现枯黄现象，此时可将上部枝叶剪去，并将花盆及时移至有遮阴的凉爽通风处培养，经常喷水，降温增湿，停止施肥并控制浇水，使其进入半休眠状态。秋凉后重新翻盆换土，加强肥水管理，又可进入生长旺盛期，可继续开花不断。

生长适温： 10～20℃

装饰建议

通常于阳台、露台、庭院中露天栽培。也适合用于装饰客厅、餐厅，可搭配红陶盆、石质盆、紫砂盆或其他素色瓷盆，摆放在桌子、茶几、角柜上，作为家居的点缀。

桔梗花

养护难度指数：★★★

观赏期：6～9月观花

花语：苦口婆心，济世为怀，值得尊重，不变的爱。

桔梗花为桔梗科桔梗属多年生草本植物，又名苦根菜、梗草、铃铛花、包袱花、轮回花，在日本是著名的秋之七草之一。它花开五瓣，状如小星，且多为清爽的蓝色或蓝紫色，特别地清爽养眼。此外也有变种的白花品种。

除了日本，桔梗在朝鲜、韩国同样也是深受喜爱的名花。有一首经典的朝鲜族民歌《桔梗谣》，又名《道拉基》，这首歌最初产生于江原道，后流传朝鲜半岛。传说道拉基是一位姑娘的名字，当地主抢她抵债时，她的恋人愤怒地砍死地主，结果被关入监牢，姑娘悲痛而死，临终前要求葬在青年砍柴必经的山路上。第二年春天，她的坟上开出了蓝紫色的小花，人们叫它“道拉基”花（“桔梗”的朝鲜文），并编成歌曲传唱，来赞美少女纯真的爱情。伴着《桔梗谣》轻快明朗的旋律，仿佛能见到在拂面而来的怡人秋风里，一群俏丽的妙龄少女身背箩筐，在开遍了蓝色、白色桔梗花的山野上劳动的动人画卷。

就像歌中唱的那样——“白白的桔梗哟长满山野。只要挖出一两棵哟，就可以满满的装上一大筐。”桔梗花多野生于山坡草丛之中，其根肥大肉质，呈圆柱形，不分枝或少分枝，可以入药或者入菜。李时珍在《本草纲目》中释其名曰：“此草之根结实而梗直，故名桔梗”。桔梗味苦、辛，性平，归肺经。功能开宣肺气、祛痰止咳、利咽散结、宽胸排脓，常用以治疗咳嗽痰多、胸闷不畅、咽痛、音哑、肺痈吐脓、疮疡脓成不溃等病症。而朝鲜、韩国、日本人把桔梗当作食用蔬菜则十分普遍，通常用它的根制作腌菜，颇具风味。现在这种饮食风俗也已在我国广为流传，受到大众的欢迎。此外，桔梗还可酿酒、制粉、做糕点，种子可榨油食用。

栽培管理

环境和光照：喜凉爽、湿润的气候，需要充足的光照，较耐干旱与严寒。

栽培介质：要求富含腐殖质、疏松肥沃、排水良好的土壤。

繁殖方法：主要采用播种和分株繁殖。播种多于早春3～5月直播，因幼苗初期比较细弱，需仔细管理，第二年可开花。分株可在春季或秋季进行。

水分：日常浇水视盆土干燥情况3～4天1次。

肥料：生长期一般每月追施1～2次稀薄饼肥水。

病虫害防治：病虫害主要有根腐病和蚜虫。根腐病可喷施3 000倍的农用硫酸链霉素防治，蚜虫可用10%吡虫啉可湿粉2 000倍液、40%乐果乳油1 000倍液喷杀。

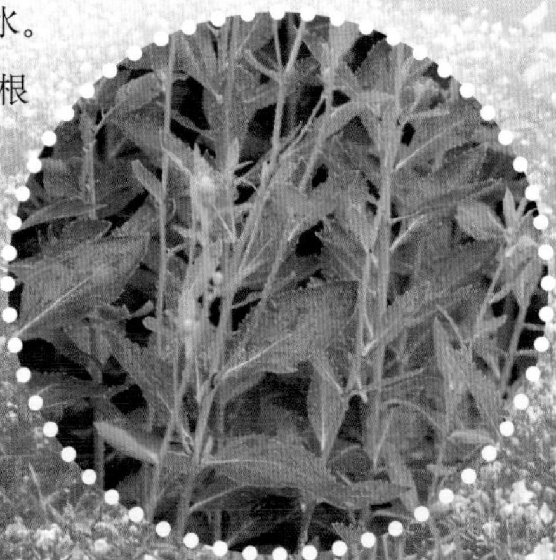

发芽适温： 15～22℃

生长适温： 5～25℃

装饰建议

通常于阳台、露台、庭院中露天栽培。也适合用于装饰客厅、餐厅，可搭配红陶盆、石质盆、紫砂盆或其他素色瓷盆，摆放在桌子、茶几、角柜上，作为家居的点缀。

非洲菊

养护难度指数：★★★

观赏期：春、秋两季观花

花语：热情、永远快乐。

小花问道："我要怎样地对你唱，怎样地崇拜你呢？太阳呀？"

太阳答道："只要用你的纯洁的素朴的沉默。"

泰戈尔的这两句诗读来似乎很容易让人联想到一种草花，那就是非洲菊。

非洲菊为菊科扶郎花属多年生常绿草本花卉，它深绿的叶片为矩圆状，好似一把长长的汤匙，边缘还带着羽裂，开出的圆盘形头状花序看起来既简洁大方又活泼明快，花色极其丰富，有红、黄、橙、白、乳白、粉红、深红、桃红等。花叶俱美的非洲菊让人一看到它便周身有种别样的温馨感觉，好似晒到了春天煦暖的阳光一般。

非洲菊有许多美妙的别名，因为它明媚灿烂似阳光，栽植上也格外喜阳喜光照，因此有太阳花、日头花、火轮菊之类的别称。此外，它还有一个名字是大家十分熟悉的，那便是扶郎花。20世纪初，非洲南部的马达加斯加有一位名叫斯郎伊妮的少女，她非常喜爱一种茎枝微弯、花朵低垂的野花，把它栽入自家的庭院中。在她出嫁时，她将厅堂里挂满了自己栽的这种温馨喜气的花朵，以增添婚礼的气氛。当晚，四方亲朋载歌载舞，频频祝酒，岂料酒量甚浅的新郎三巡酒后便醉倒，新娘只好扶他入室休息。那搀扶的姿态和野生的花朵像极了，从此扶郎花的名字不胫而走。

即使平时不太种花的人，对非洲菊应该也不会感到太陌生，因为在城市大大小小的花店中，它都是相当常见热卖的切花品种。非洲

菊为世界著名十大切花之一，它不仅花朵硕大艳丽，装饰效果好，而且水插时间相当长，一枝花的插瓶时间可达1～2周之久。

除此而外，非洲菊也象征着互敬互爱，有毅力、不畏艰难，因此有些地区喜欢在结婚庆典时用它扎成花束布置新房，有祝愿新婚夫妇互敬互爱，携手共度漫漫人生之意。

栽培管理

环境和光照：性喜冬暖夏凉、空气流通、阳光充足的环境，不耐寒，忌炎热。

栽培介质：喜肥沃疏松、排水良好、富含腐殖质的沙质壤土，忌黏重土壤，宜微酸性土壤。

繁殖方法：主要采用分株繁殖。一般在4～5月进行，将老株掘起切分，每个新株应带4～5片叶，另行栽植。栽时不可过深，以根颈部略露出土为宜。

水分：生长期应充分供水，但在冬季花期浇水时应注意叶丛中心勿着水，否则易使花芽腐烂。日常浇水视盆土干燥情况2～3天1次。

肥料：生长期一般每10～15天追施1次稀薄饼肥水。

病虫害防治：主要病害有叶斑病、白粉病。叶斑病可用70%的甲基托布津可湿性粉剂800～1 000倍或50%的多菌灵可湿性粉剂500倍液喷施，白粉病可用70%的甲基托布津1 500倍液或75%的粉锈宁可湿性粉剂1 000～1 200倍液进行防治。

生长适温：20～25℃

装饰建议

通常于阳台、露台、庭院中露天栽培。也适合用于装饰客厅、餐厅，可搭配红陶盆、石质盆、紫砂盆或其他素色瓷盆，摆放在桌子、茶几、角柜上，作为家居的点缀。

天竺葵

养护难度指数：★★★

观赏期：花期由初冬开始直至翌年夏初

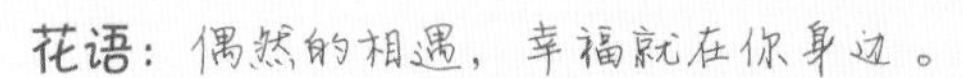

花语：偶然的相遇，幸福就在你身边。

- 红色天竺葵：你在我的脑海挥之不去。
- 粉红色天竺葵：很高兴能陪在你身边。

天竺葵是近些年来颇受花友们大爱的一种热门草花。它是牻牛儿苗科天竺葵属多年生草本花卉，因为开出的花序为伞状，长在挺直的花梗顶端，上面的群花密集如球，故又有“洋绣球”之称。此外，它还有许多别名如石腊红、入腊红、洋葵等，但花友们却更习惯昵称它为“小天”。

“小天”的园艺品种非常繁多，叶片依品种的不同而有圆形、肾形或扇形，有的叶面还带有深色的斑纹，花色变化更为丰富，有白、红、紫、粉红、深红、鲑红、橙、复色等。它在欧洲各国栽种极为普遍，常被用来装饰带有铸铁栏杆、铁艺花架、花槽的阳台和窗台，几乎家家户户都可见到它的身影。这样一种颇有西洋气质的草花，生性却很强健，栽培管理粗放，开花性却很好，几乎一年四季花朵不断，其中又以春季最盛。若有兴趣尝试一下，当看到它那繁密的花球时，相信你也会忍不住由衷地赞叹：好美啊，我的“天”！

和天竺葵花一样，由天竺葵提炼的精油也是都市里的时尚品。它的气味甜而略重，有点像玫瑰，又稍稍像薄荷，所以常常被当做玫瑰精油的替代品。天竺葵精油有美容作用，适用于所有皮肤，有深层净化和收敛毛孔的效果，能平衡皮脂分泌；可平抚焦虑、沮丧，提振情绪，让心理恢复平衡，而且也能影响肾上腺皮质，因此能疏解压力，改善经前症候群、更年期问题，可促进胸部的发育以及提升乳腺，防治乳腺增生。具有利尿的特性，可帮助肝、肾排毒。

将天竺葵、葡萄柚、薰衣草依照特定的比率混合后，滴于枕边，会是最具魔法的安眠、舒眠精油，不但有安神舒缓的效果，还能驱除任何会妨碍你入眠的蚊虫，其香味更能带给你一个好梦！但须注意的是，它对一些敏感性皮肤可能有刺激，且能调节荷尔蒙，所以怀孕期间不用为宜。

栽培管理

环境和光照：喜欢充足的光线，秋、冬季可在全日照或半日照下生长良好，开花期可置室内明亮处欣赏，但若光照不足很容易会有下位叶黄化及落叶、落花的现象发生。

栽培介质：市售培养土或是疏松、富含有机质的沙质壤土为佳。

繁殖方法：常用播种和扦插繁殖。播种春、秋季均可进行，播后覆土不宜太厚，约5天发芽。除6～7月植株处于半休眠状态外，均可扦插，以春、秋季为好；选用插条长10厘米，以顶端最好，生长势旺，生根快；剪取插条后，让切口干燥数日，再插于沙床或珍珠岩和泥炭的混合基质中，插后放半阴处，14～21天生根，根长3～4厘米时可盆栽。

水分：日常浇水视盆土干燥情况约2天1次。

肥料：上盆时应在培养土里混入基肥，进入花期每1～2周施用1次液态肥。

发芽适温：20～25℃

生长适温：15～25℃

装饰建议

通常于阳台、露台、庭院中露天栽培。也适合用于装饰客厅、餐厅，可搭配红陶盆、石质盆、紫砂盆或其他素色瓷盆，垂悬品种也可搭配吊盆，或摆放于花架上，作为家居的点缀。

飞燕草

养护难度指数：★★★

观赏期：8~9月观花

花语：清静、轻盈、正义、自由。

- 蓝色飞燕草：抑郁。
- 紫色飞燕草：倾慕、柔顺。
- 粉红色飞燕草：诗意。
- 白色飞燕草：淡雅。

飞燕草为毛茛科翠雀属多年生草本植物。因为它开出的花形态别致，酷似一只只燕子，故而得名飞燕草。飞燕草最常见的花色为蓝紫色，盛花之时宛如一群蓝色的小鸟从天而降，十分动人，因此它的几个别名就都与鸟儿有关，比如鸽子花、千鸟草，还有像翠雀。

传说英国的英雄亚伊亚斯，因为战利品分得太少而愤怒不已，用剑对着庭院中的花草乱刺乱砍。当他恢复理智后，对这种行为感到可耻，便自杀了，所流的血滴到地上后，开出了美丽的飞燕草，花朵上面据说还出现了亚伊亚斯的英文名字的缩写A·I·A。

在南欧民间，关于飞燕草还流传着另一个充满血泪的传说。古代有一族人因受迫害，纷纷逃难，但都不幸遇害，魂魄纷纷化作飞燕（一说翠雀），飞回故乡，并伏藏于柔弱的草丛枝条上。后来这些飞燕便化成美丽的花朵，年年开在故土上，渴望能还给它们正义和自由。也正因此，飞燕草便有着“正义”和“自由”的花语。

美丽动人的飞燕草还有着不少实用价值，它的全草及种子可入药治牙痛，茎叶浸汁可杀虫。我国民间就有不少它的实用小验方：治风热牙痛，用飞燕草五分至一钱，水煎含漱，不可咽下；治疥癣，用飞燕草配苦参研末调擦。治头虱用飞燕草全草捣碎，水浸洗头。但需要加倍注意的是：飞燕草也是有毒植物，胡乱误食会引起严重中毒。

栽培管理

环境和光照： 喜凉爽、通风、日照充足的干燥环境。较耐寒、怕暑热、忌积涝。

栽培介质： 宜深厚肥沃和排水通畅的沙质壤土。

繁殖方法： 可分株、扦插和播种繁殖。分株春、秋季均可进行。扦插繁殖在春季进行，当新芽长出15厘米以上时切取插条，插入沙土中。播种多在3～4月或9月份进行，2～4片真叶时移植1次，4～7片真叶时进行定植。

水分： 日常浇水视盆土干燥情况3～4天1次。

肥料： 栽前施足基肥，追肥以氮肥为主，可每月1次。

病虫害防治： 常见病害有黑斑病、根腐病等。黑斑病喷50%多菌灵可湿性粉剂500～1000倍液，或75%百菌清500倍液；根腐病可用40%根腐宁1 000倍液喷雾或浇灌病株，或80%的402乳油1 500倍液灌根。

其他： 老龄植株生长势衰弱，2～3年需移栽1次。植株高大，易倒伏或弯曲，需支撑固定。

发芽适温： 15℃左右

生长适温： 5～22℃

装饰建议

通常于阳台、露台、庭院中露天栽培。也适合用于装饰客厅、餐厅，可搭配红陶盆、石质盆、紫砂盆或其他素色瓷盆，摆放在桌子、茶几、角柜上，作为家居的点缀。

耧斗菜

养护难度指数：★★★

观赏期：5～7月观花

花语：胜利之誓，必定要得手，坚持要得胜。

但凡见过耧斗菜的人恐怕都无法不被它那俏丽的花姿、花色所打动吧。

这种毛茛科耧斗菜属多年生草本植物，花形非常特别，花冠为漏斗状，微微下垂，花瓣5枚，色彩丰富，有白、黄、红、蓝或紫色，蓝绿色的叶片为二回三出复叶，与许多蕨类植物叶形很相似。叶奇花美的耧斗菜适应性也很强，如果将它们片植于草坪上、疏林下，春天一到，星星点点的小花姿态娇俏玲珑，色彩明快艳丽，缀满草地，显得那样野趣盎然。因此，它应用在庭院或者花园中适合用来布置自然式的花境。

值得推荐的耧斗菜园艺品种有“班纳利专列”混合色系列，株高35厘米，株形一致且圆整，分枝性好，花径5～6厘米，花期早，花色有蓝白双色、海蓝白双色、粉红白双色、玫红象牙白双色、玫红白双色、白色、混合色，是最受花友们喜爱的品种。“乐曲”系列，株高50厘米，花色鲜艳，茎干长刺，整齐性好，分枝性好，植株强健。花色有蓝白双色、粉红白双色、红金黄双色、红白双色、白色、黄色、混合色等。

耧斗菜全草可以入药。通常于夏季采收，洗净切碎，熬煎至浓缩成膏用。它味苦、微甘，性平，功能主治调经止血，可用于月经不调，经期腹痛，功能性子宫出血，产后流血过多，所以民间俗称其为“血见愁”。

栽培管理

环境和光照： 性喜凉爽气候，忌夏季高温暴晒，耐寒、生长势强健，在半阴处生长更好。

栽培介质： 适宜富含腐殖质、湿润而排水良好的沙质壤土。

繁殖方法： 可用分株和播种繁殖。播种最好于种子成熟后立即盆播，撒种要稀疏，出苗前需用玻璃覆盖以保持土壤湿润并遮阴，经1个月出苗，实生苗翌年开花。优良品种通常采用分株法，于3～4月或8～9月进行，但以秋季为好，幼苗10厘米左右即可定植。

水分： 日常浇水视盆土干燥情况3～4天1次。

肥料： 栽前施足基肥，生长期追肥可每月1次。

其他： 3年以后植株易衰退，应及时进行分株，促其更新。

发芽适温：	20～25℃
生长适温：	10～25℃

装饰建议

通常于阳台、露台、庭院中露天栽培。也适合用于装饰客厅、餐厅，可搭配红陶盆、石质盆、紫砂盆或其他素色瓷盆，摆放在桌子、茶几、角柜上，作为家居的点缀。

毛地黄

养护难度指数：★★★

观赏期：6～8月观花

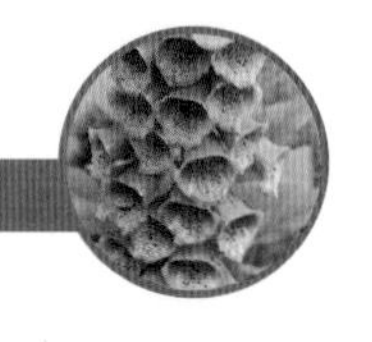

花语：热爱。

毛地黄原本是欧洲的植物，因为具有强心的效果，所以一直是欧洲的一种草药。然而一般人对毛地黄的认知倒在其色彩艳丽的花朵，一串串像极了在风中摇曳的铃铛，它的花色有紫、粉、白、鹅黄等色还带着斑纹，非常漂亮。它在开花之时表现出来的那种盎然的野趣，同样让它适合在庭院或者花园中用来布置自然式的花境。

因为毛地黄长着布满茸毛的茎叶以及酷似中药地黄的叶片，所以被称做毛地黄。另外又因为它来自遥远的欧洲，因此又称为洋地黄。但在传说中，坏妖精将毛地黄的花朵送给狐狸，让狐狸把花套在脚上，以降低它在毛地黄间觅食所发出的脚步声。因此，毛地黄还有另一个有趣的名字叫“狐狸手套”。此外，毛地黄还有其他如巫婆手套、仙女手套、自由之钟等别名。

毛地黄是一种重要的强心药剂，但也带有毒性，使用需小心。

发芽适温：15℃左右

生长适温：13～15℃

栽培管理

环境和光照： 喜温暖、湿润和阳光充足的环境，耐寒，也耐阴、耐旱，怕多雨、积水和高温。

栽培介质： 耐瘠薄土壤，喜富含有机质的肥沃土壤。

繁殖方法： 常用播种繁殖。以9月秋播为主，播后不覆土，轻压即可，约10天发芽。有5～6片真叶时可移栽定植或盆栽，栽植时少伤须根，稍带土壤。也可春播。

水分： 日常浇水视盆土干燥情况3～4天1次。

肥料： 生长期每半月施肥1次，注意肥液不沾污叶片，花前增施1次磷、钾肥。

装饰建议

通常于阳台、露台、庭院中露天栽培。也适合用于装饰客厅、餐厅，可搭配红陶盆、石质盆、紫砂盆或其他素色瓷盆，摆放在桌子、茶几、角柜上，作为家居的点缀。

花花草草由人恋

不一样的花心思，

带来不一样的开心时刻。

食指大动，品赏美文，

时尚装饰，趣味手工。

草花达人的精彩花园生活，

就从这里拉开序幕。

草本佳人的私房茶室

周末的午后，沐浴在草花园慵懒的阳光和清风里，忽然很想喝上一杯花草茶。

不知从什么时候开始，草本养颜成了都市里的新鲜时尚，于是花草茶随之而大热。红色的灯笼花、千日红，绿色的金银花，橘黄的百合、金莲花，白色的贡菊、玉蝴蝶，紫色的玫瑰，黑黝黝的苦丁，还有干巴巴的荷叶、菩提叶……姹紫嫣红的花儿朵儿们被晒干了收藏起来，等待着有一天去到爱美的草本佳人杯盏中重新绽放，继续她们生命中未完的舞蹈。

用玲珑剔透的玻璃杯冲泡花草茶，是件很赏心悦目的事儿。但见三五花瓣在沸水中徐徐绽开，原先亮丽的花色渐渐融入水中，淡香袅起。透过上下飘曳的花朵，我们好像看到了田野尽头青砖瓦屋上升起的炊烟，听到了牛背上牧童悠扬的短笛，也闻到了山野间泥土的芳香气息，那是花草茶的清纯之味，也是大自然和春天的味道呵。

花茶，自古以来就是爱美女士的最爱，《本草纲目》记载：花茶性微凉、味甘，入肺、肾经，有平肝、润肺、养颜之功效。近代医学证明，长期饮用花茶有祛斑、润燥、明目、排毒、养颜、调节内分泌等功效。因花茶品种繁多，功效不同，在饮用花茶的选择上，一定要遵循“对症下药”的准则，建议您在饮用前，最好找中医咨询一下，看看自己是何种体质，以便选择相应的花茶来日常饮用。需要注意：

- 了解花草茶的特性，对症饮用。
- 依照身体状况选择需要的花草茶。
- 不要饮用过量，若以茶代水，喝太多的茶会造成胃痛、贫血等症状。
- 花茶属寒性，喝多了容易体虚、过敏、咳嗽。

各类花草茶的功效

金银花：具有清热、解毒、润肺化痰、补血养血、通筋活络、抗病毒之功效，可治疗习惯性便秘。

茉莉花：可改善昏睡及焦虑现象，对慢性胃病、月经失调也有功效。茉莉花与粉红玫瑰花搭配冲泡饮用有瘦身的效果。

辛夷花：排毒养颜，消暑止咳，降压减肥。

马鞭草：有强化肝脏代谢的功能，并具有松弛神经、帮助消化以及改善腹内胀气的功效，可以治偏头痛，还有瘦身的功用，注意孕妇禁止使用。

紫玫瑰：帮助新陈代谢，排毒通便，纤体瘦身，调整内分泌，最适合因内分泌紊乱而肥胖的美眉。

洛神花：可解毒，利尿，去浮肿，促进胆汁分泌来分解体内多余的脂肪。科研人员还发现，饮用时加上玫瑰花茶，95%的病人体重下降了1～3千克。口感是酸的，泡出来的颜色红艳，十分漂亮，冷、热饮都很好。

代代花：微苦，但香气浓郁，配上绿茶饮用，滋润肌肤，更可以减少腹部脂肪，是绝佳的美容瘦身饮品。

柠檬片：可利尿，调剂血管通透

性，适合浮肿虚胖的美眉。

决明子：促进胃肠蠕动，清除体内宿便，降低血脂、血压，通便减肥效果好。

陈皮：可以帮助消化，排除胃气，还可以减少腹部脂肪堆积，许多中医减肥配方都有它，陈皮性温，和决明子、荷叶等性中微寒的花草配在一起效果更好。

甜菊叶：天然甜味剂，是瘦身者的良伴，几乎没有卡路里，最适合想吃甜的又怕胖的你，适合与别的花草茶搭配起来饮用，充当甜味剂。

荷叶：自古以来便是瘦身良药，可以清火，利尿，清脂，通便。

薄荷：具有冰凉解毒、刺激食欲、消除胃胀气、助消化、去除口臭等功效。好处多多，对肥胖、糖尿病等都有好处，当然还能清新口气了，可以去油腻。薄荷干的、湿的都能用。

甘草：可以抑制胆固醇，还能增强免疫力，抑制炎症，但会使血压升高，不适合高血压患者。

菩提叶：菩提叶的茶香闻起来淡雅迷人，喝起来顺口且味道会残留在舌尖，可利尿，分解脂肪，有助于排出体内废物，是减肥的有效食品，并具镇定神经、安眠的效果。喝时加一些蜂蜜，

风味更加迷人。

迷迭香：抵御电脑辐射，提神醒脑，治疗头痛，增强记忆力；帮助消化，治胃肠胀气、腹痛；促进头皮血液循环，改善掉发和秃头现象，降低头皮屑的发生；减肥，消水肿，抗老化。促进血液循环，降低胆固醇，抑制肥胖，它的功效很多，是一味很好的花草茶。

千日红：是花草茶中非常特别的品种，若选用上佳品种，冲泡时可以看到花慢慢地打开，如水中开花一般。功效方面，包括护肤养颜，亦有利尿的功效。还有清肝明目、止咳、降压排毒、解除疲劳的功效。

玉蝴蝶：鲜为人知的玉蝴蝶花

茶，具有清肺热，利咽喉，美白肌肤，降压减肥，促进机体新陈代谢，提高免疫力，防癌，排毒，解渴解酒之功效。

百合花：对于阴虚久咳、痰中带血、虚烦惊悸、失眠多梦、精神恍惚等有奇效。可清肠胃，排毒，润肺化痰，治疗便秘，和玫瑰花、柠檬、马鞭草一起泡效果更佳。

如何冲泡花草茶

冲泡花草茶并不复杂，要泡出美味的花草茶，先要选择品质优良的原料：一要选择茶叶完整，果实、果粒饱满，并带有一点光泽的；二要闻香，香味浓郁自然的茶泡出来的味道才会清香扑鼻；三是如果可以试喝的话，喝起来清爽甘甜的，就是高品质的花草茶了。

茶水的比例：水以天然泉水为最佳，人工纯净水也不错。水温以100℃为宜。花草茶和水的比例应为1∶50～1∶100；复方花草茶每种材料各取2～3克，就可以泡出一壶色彩缤纷的花草茶。

冲泡时间：每道花草茶各有最适合的煮泡时间，大抵是将壶用热水烫过，趁热把花草茶材料放入壶中，倒入刚开的沸水，待花茶冲开闷3～5分钟，而较坚韧的果实、树皮、根等，则需浸泡15分钟以上，在茶汁入味时再添加其他调味料。

味道的掌握：1人份的花草茶材料约1小匙，可以搭配2小匙的冰糖或蜂蜜或是不含热量的甜菊叶来调味。此外，还可以根据个人喜好添加鲜奶、柠檬汁、果粒、果丁等。

为了淋漓尽致地表现花草茶的可观性，茶壶和茶杯都要选择透明的玻璃制品。喝花草茶的茶壶分为3种：第一种是花瓣壶，适合冲泡原朵的花瓣茶，如单方的玫瑰花茶等； 第二种是提梁壶，适合冲泡有很多叶子的茶，如复方花草茶；第三种是最专业的花草茶壶，其最特别之处是配有心形或叶形的水晶底座，底座上配有香熏蜡烛，因为不少复方花草茶都要在恒温的状态下冲泡，所以配上蜡烛保持茶汤的恒温是最专业的做法。

花草茶配方集萃

窈窕魔法纤腿茶

原料：马鞭草、柠檬草、玫瑰花、迷迭香、洋甘菊各5克。

做法：将所有材料放入杯中以沸水冲泡，放入适量冰糖，5分钟后即可饮用。

特色：马鞭草，可减缓静脉曲张、腿部水肿；柠檬草，具有健胃、利尿的作用，迷迭香，能紧实腿部曲线，增强人体活力。三者配合，让你拥有纤纤臀、腿。玫瑰花和洋甘菊搭配，不但增加了瘦腿功效，更使花草茶口味香甜，回味悠长。其中马鞭草、柠檬草、迷迭香，这三种是最常用在一起搭配瘦下半身的。

开胃梅子茶

原料：绿茶8克，青梅2颗，冰糖适量。

做法：冰糖与绿茶同泡5分钟，加入青梅及少许青梅汁，搅拌均匀。可消除疲劳，增强食欲，帮助消化，并有杀菌抗菌作用。

特色：绿茶抗氧化，有排毒、提神、降脂的功效。要注意的是，绿茶寒凉，胃不好或对茶碱敏感的人不宜多喝。绿茶和许多水果都能相搭，例如苹果、橄榄、橙子，可让彼此的清新口味相得益彰。夏天胃口不好时，这款酸酸甜甜的梅子绿茶能打开你的胃口。

消脂纤体茶

原料：紫罗兰花半匙，决明子半匙。

做法：将紫罗兰花和决明子放入杯中，冲入滚水，浸泡15分钟即可饮用。

特色：具有帮助消化、分解体内多余脂肪、防止肥胖等作用。

美白祛斑茶

原料：玫瑰、红巧梅、金盏花、千日红、勿忘我、桃花、腊梅各3～5克，冰糖适量。

做法：上述干花以沸水冲泡5分钟，加入冰糖调匀即可饮用。

特色：是一款健康美容茶饮，坚持饮用有美白、祛斑效果。

梅花花茶

原料：梅花、玫瑰花、柠檬草各5克。

做法：将上述原料放入杯中，倒入350～500毫升热开水，浸泡3～5分钟即可饮用（可回冲）。

特色：坚持饮用可改善青春痘，面部黑斑。

红玫瑰花茶

原料：玫瑰花8克，红糖适量。

做法：玫瑰花用沸水冲泡10分钟，加红糖饮用。可理气、解郁活血，治疗原

发性经痛，孕妇不宜饮用。

特色：一说到玫瑰，就让人感觉特别浪漫。玫瑰花在冲泡时会散发香甜的气味，花萼含丰富的维生素A、维生素B、维生素E、维生素K、维生素P和维生素C，特别是维生素C的含量更是丰富。一杯玫瑰花萼的维生素C含量，等于150个柑橘的维生素C含量，有相当卓越的养颜美容之效!

决明子枸杞茶

原料：枸杞12克，决明子10克，绿茶8克。

做法：将枸杞和决明子洗干净后连同茶叶一同放入杯中，冲入沸水，焖约10分钟即可饮用。

特色：具有降低血脂、滋补肾脏的作用。

紫罗兰花茶

原料：紫罗兰花3～5克。

做法：将紫罗兰花放入杯中，倒入350～500 毫升的热开水，浸泡3～5分钟即可饮用（可回冲）。

特色：淡紫色的紫罗兰花茶神秘而优雅，不仅色泽好看，更由于颜色鲜艳、花瓣薄、多褶且透光，因此即使以水冲之，精华一样可以释出。喝起来味道十分温润，受到许多人的喜欢。

紫罗兰对呼吸道的帮助很大，能舒缓感冒引起的咳嗽、喉咙痛等症状，对支气管炎也有调理之效。

菩提子花茶

原料：菩提子3～5克。

做法：取菩提子放入杯中，倒入350～500毫升的热开水，浸泡3～5分钟即可饮用（可回冲）。

特色：菩提子具舒缓情绪的效果，容易紧张、失眠的人，可以泡菩提子花茶来喝，具有镇静作用，可减轻头痛及改善失眠。

金银花茶

原料：金银花10克。

做法：将金银花用沸水冲泡，频饮。

特色：金银花清热解毒，疏利咽喉，可治疗病毒性感冒、急慢性扁桃体炎、牙周炎等病。

苹果茶

原料：苹果1个。

做法：将苹果切成薄片，加水煨煲，去渣后当茶饮，连续饮10日便可见效。

特色：对医治头痛有神奇之疗效。

甘草茶

原料：甘草10克，茶叶5克，食盐8克，水1 000毫升。

做法：按此比例，先将水烧开，再将甘草、茶叶、食盐放入水中煮沸10分钟左右即可饮用。

特色：可治风火牙痛、火眼、感冒咳嗽等症。

荷叶甘草茶

原料：鲜荷叶100克，甘草5克，水1 000毫升，白糖适量。

做法：先将荷叶洗净切碎，同时按比例把水烧开；然后将甘草、荷叶放入水中煮10余分钟；滤去荷叶渣，加白糖，饮服。

特色：有清热解暑、利尿止渴之功效。

蜜糖桂花茶

原料：蜂蜜15克，桂花5克，水1 000毫升。

做法：水烧开后，放入桂花，待水温降至50℃左右，加入蜂蜜调匀，冷藏即可。

特色：桂花除了有怡人的香气外还能够明目去火，对月经前的小痘痘效果显著，加入营养丰富的蜂蜜，即成香香甜甜的美人水，好喝又漂亮。

麦香玫瑰茶

原料：大麦茶10克，玫瑰5克，水1 000毫升。

做法：水烧开，放入大麦茶，煮2～3分钟后离火。将玫瑰花放入煮好的大麦茶中，待晾凉后，放入冰箱冷藏。

特色：韩国人将冰冻过的大麦茶作为夏日必备的冷饮。大麦性温养胃，即使冷饮也不会对胃造成刺激，加入香味清雅的玫瑰花，补充水分的同时还能预防空调病，有驻颜美容、消除疲劳的功效。

柠檬玉蝴蝶茶

原料：干柠檬片3～5片，玉蝴蝶5克，水1 000毫升。

做法：水烧开后，晾至80℃左右，放入柠檬片和玉蝴蝶花，晾凉后冷藏即可。

特色：干柠檬片气味芬芳，却不会很酸，没有鲜柠檬的生涩感，保留了丰富的维生素C。玉蝴蝶虽然没有什么味道，但却是排毒、利尿的一等高手，经常饮用，能够排除毒素，保持皮肤白皙水嫩。

凤梨康乃馨茶

原料：干菠萝片20克，干康乃馨10克，水1 000毫升，冰糖适量。

做法：将菠萝片与冰糖加水同煮3分钟，再放入康乃馨煮1分钟，晾凉后冷藏即可。

特色：菠萝的味道比较清香，加入适量冰糖，味道会很好，康乃馨清肝凉血，非常适合夏季饮用，冷藏后味道更好。

十二星座与花草茶

喜爱花草茶的你，是否也相信星座呢？对于热情、直爽的火象星座，悠闲地喝着下午茶似乎是一件遥不可及的事情，他们比较喜欢一饮而尽的方式，茶的品种也以清凉、降火的品种为宜。而比较喜欢新鲜的风象星座，多半喜欢一些比较新奇的香味，满足其好奇心；或者偏淡雅的茶叶，可以帮助他们理性的思考。土象星座的人最有品茶的诗情雅兴了，他们所钟爱的茶叶，一般要香味浓郁、回味悠长的类型。而水象星座的人们，多有浪漫、神秘的气质，适合一些带有梦幻色彩类型的茶叶。

水瓶座 1/21-2/18

重思考的水瓶座，冷静而理性，有一点孤傲但确很迷人，喜爱冒险和变化多的事物，反应快更是水瓶的特质。对水瓶座进行思考有正面帮助的饮料是薰衣草；但对于不爱动的那些水瓶们，新陈代谢较差，可以考虑以玫瑰花加枸杞饮用，既可明亮双眼，又有助养颜。

双鱼座 2/19-3/20

多情又感性，让双鱼座的传说充满了唯美与浪漫，而素有“天使赠予”的粉红玫瑰，百分百的罗曼蒂克，又有美容养颜的效果，哪位双鱼座能够抗拒玫瑰的魅力？超人气的紫罗兰，优雅的花形和柔紫，也是推荐给双鱼座的浪漫饮料。

牡羊座 3/21-4/20

率真、直接、充满创意能量的牡羊座，有冲动易怒的缺点，这时候一些清新、降火的饮料，可以让羊儿们保持冷静，推荐饮用菩提叶、绿色薄荷或马鞭草来补充能量，而柠檬清爽的口感也和牡羊座个性相配。

金牛座 4/21-5/21

平稳、踏实但又重视美感的金牛座，是天生的美食家，对于各式各样的香料，接受度极高。具红宝石颜色的花果茶，是宴飨注重味觉、高度视觉享受的金牛们最佳的选择，其中又以草莓、樱桃、水蜜桃等果香较重的茶，较能满足金牛座的味蕾。

双子座 5/22-6/21

思维迅速、理解力强的双子，活泼、伶俐但加善变，单纯的饮料是无法满足犀利又敏感的他(她)。所以游戏成分强的——如加柠檬就变色的紫罗兰，或可变化搭配其他茶类，如玫瑰、茉莉和薄荷等，都非常适合喜爱多元化的双子座。

巨蟹座 6/22-7/22

温柔的心肠，善解人意的个性，极度恋家，这都是巨蟹的特色，所以洋甘菊、玫瑰等能够调和奶香的茶，就特别能满足巨蟹渴望家的味觉。另外，巨蟹容易有消化的问题，所以含金盏花、薄荷、柠檬、马鞭草或橘橙片的饮料就非常适合饮用。

狮子座 7/23–8/23

如果要能表现狮子座热情、具胆识的特质，向日葵口味的果茶或含金盏花的花草茶，最能表达狮子座天生巨星般闪耀的魅力。但真要论起显现王者风华，又能实质上帮助狮子座舒缓当领导者所带来的压力，熏衣草则是最佳选择。

处女座 8/24–9/22

重内涵、讲知性、求真善美的处女座，是一个纤细典雅的星座，属于土象星座，五行喜水，所以冷色调的紫色、灰蓝、淡蓝都是幸运色。紫罗兰、熏衣草都非常适合处女座饮用，含有蓝莓口味的果茶，也是追求完美者可选择的口味。

天秤座 9/23–10/23

天秤座是天生优雅的外交家，对凡事追求平衡与公正的他(她)，综合了所有的花草与果粒的各种花果茶，是最适合的饮料。花果茶均衡所有花果，具酸甜两种滋味，冲泡时浪漫与口感兼备，是拥有过人审美观和品味的天秤喜爱的茶类。

天蝎座 10/24–11/22

外冷内热，理性与感性兼备的蝎子，一直覆着一层神秘的面纱。典型的蝎子对于香醇、色泽诱人的茶颇有好感，所以可以选择蓝莓、草莓、樱桃口味的果茶。唯独蝎子容易隐藏压力，含菩提叶、芙蓉花和橘橙片等有助新陈代谢的花草茶，可以一试。

射手座 11/23–12/21

活力四射、潇洒不拘的射手座，应该是属于阳光和白沙滩，自由自在的旅行家，椰风口味的果茶，最适合射手驿动的心了。而对于喜爱户外活动的射手们，需严防感冒发生和平时嗓音的保养。含紫罗兰、熏衣草、菩提、橘橙片的茶，是射手的幸运饮料。

摩羯座 12/22–1/20

有着绝对守候的耐心，及“爱你在心口难开”的含蓄。摩羯座对情感及事物很坚持，当卯起来做事完全是悍将的表现，“铁杵磨成绣花针”的毅力和耐心非摩羯莫属。摩羯一步一脚印的务实作风，非常适合饮用口感酷似中国茶、口感淡爽稳健的“绿森林之梦”；而面对耐久战的忧郁与压力时，就来喝一杯“蓝色忧郁”吧。

品茗读诗在花间

园里的花儿开了，绚丽的色彩濯洗着我的眼眸，柔和的花香四下里漾开来，有一种纯净而美好的感觉在心间轻舞飞扬。这样的好时光，且让我们捧起一杯清茶，一本诗集，品茗读诗在花间，做一位气质佳人。

莹洁清丽的草花，每一瓣，每一朵，都像一首诗，那些同她们一样莹洁清丽的玲珑小诗，比如冰心，又比如泰戈尔。

《笑》是我超喜欢的一篇冰心的散文。“一片幽辉，只浸着墙上画中的安琪儿。——这白衣的安琪儿，抱着花儿，扬着翅儿，向着我微微的笑。”“一条很长的古道。驴脚下的泥，兀自滑滑的。田沟里的水，潺潺的流着。近村的绿树，都笼在湿烟里。弓儿似的新月，挂在树梢。一边走着，似乎道旁有一个孩子，抱着一堆灿白的东西。驴儿过去了，无意中回头一

看。——他抱着花儿，赤着脚儿，向着我微微的笑。”“茅檐下的雨水，一滴一滴的落到衣上来。土阶边的水泡儿，泛来泛去的乱转。门前的麦垄和葡萄架子，都濯得新黄嫩绿的非常鲜丽。——一会儿好容易雨晴了，连忙走下坡儿去。迎头看见月儿从海面上来了，猛然记得有件东西忘下了，站住了，回过头来。这茅屋里的老妇人——她倚着门儿，抱着花儿，向着我微微的笑。”似乎没有一点声息，只有清隽淡雅的文字描绘出的三个画面，纯净、自然。然而万籁无声中，又分明隐约地听到一支婉转轻盈的抒情乐曲。小提琴声不绝如缕，低回倾诉，使人悠悠然于心旌神摇中不知不觉地随它步入一片宁谧澄净的天地，而且深深地陶醉了。待你定睛寻觅时，琴声戛然而止，曲终人不见，只有三张笑靥，三束白花，一片空灵。空灵中似乎飘浮着若远若近的笑声，那么轻柔，那么甜美，洋溢着纯真的爱。

“满蕴着温柔，微带着忧愁，欲语又停留”，这是冰心笔下“诗的女神”迷人的风采，却也是冰心自己的创作风格与审美情趣的真实写照。

繁星闪烁着——
深蓝的太空，
何曾听得见他们对语？
沉默中，
微光里，
它们深深的互相颂赞了。
——《繁星》之一

别了！
春水，
感谢你一春潺潺的细流，
带去我许多意绪。

向你挥手了，
缓缓地流到人间去罢。
我要坐在泉源边，
静听回响。
——《春水》之一八二

她的诗与她的散文几乎有着同样的风格，细腻、清新、俏丽、淡远而又不乏深沉，微笑里带着泪痕，蕴藉含蓄，寓理抒情，清莹隽永，玲珑剔透。一朵云，一片石，一阵浪花的呜咽，一声小鸟的娇啼，甚至连一秒钟间所得于轨道边花石的印象都能幻化成她笔触下神奇的文字，这便是冰心从从容容营建起来的诗的王国。

冰心的《繁星》、《春水》中多是

歌咏大自然、母爱、童心、人类之爱的小诗，爱的哲学也是她一贯擅长的创作主题。

我们都是自然的婴儿，
卧在宇宙的摇篮里。

春何曾说话呢？
但她那伟大潜隐的力量，
已这般的
温柔了世界了！

读着这样的诗句，我们仿佛能够听见春日的枝梢上爆出点点嫩绿新芽的声音，听见种子在春雨的滋润下破土而出的声音。大自然和春天带来伟大潜隐的力量，温柔了整个花草世界，也温柔了爱花人的心灵。

紫藤萝落在池上了，
花架下
长昼无人，
只有微风吹着叶儿响。

大海啊，
哪一颗星没有光？
哪一朵花没有香？
哪一次我的思潮里
没有你波涛的清响？

冰心和许多有小资情结的女人一样钟爱着花草，因此她的笔下不乏写花的文字。冰心也爱海，她爱海则是因为身为海军军官的父亲对她深刻的影响。“海好像我的母亲，我和海亲近在童年。海是深阔无际，不着一字，她的爱是神秘而伟大的，我对她的爱是归心低首的。”而无论花或海，都是她最难忘和乐于为之倾倒的自然美。

童年啊！
是梦中的真，
是真中的梦，
是回忆时含泪的微笑。

万千的天使，
要起来歌颂小孩子；
小孩子！
他细小的身躯里，
含着伟大的灵魂。

“除了宇宙，最可爱的只有孩子。”冰心热爱孩子，视孩子们为知己，讴歌纯真善良的童心，而童真也在无时无刻地激发她的创作灵感。所以她曾为小读者们写过那么多美好亲切的文字，把自己的人生见闻和感怀谆谆善诱地讲给他们听，处处表露出真诚的关心、眷恋、尊重与爱护。

小小的花，
也想抬起头来，
感谢春光的爱——

然而深厚的恩慈，
反使她终于沉默。
母亲啊！
你是那春光么？

母亲啊！
天上的风雨来了，
鸟儿躲到他的巢里；
心中的风雨来了，
我只躲到你的怀里。

冰心也是父母眼前、膝下娇憨的小女儿，母亲的臂弯是她一生眷恋的港湾。冰心谱写的母爱赞歌总是情意绵绵感人至深，慈母的光辉形象与儿女感念亲恩的深情交织融汇在一起，朴实平淡的词句却显得那么流光溢彩，给读者带来温暖、感动和希望。

夏天的飞鸟，飞到我的窗前唱歌，又飞去了。

秋天的黄叶，它们没有什么可唱，只叹息一声，飞落在那里。

绿树长到了我的窗前，仿佛是喑哑的大地发出的渴望的声音。

您的阳光对着我的心头的冬天微笑，从来不怀疑它的春天的花朵。

“你离我有多远呢，果实呀？”
“我藏在你心里呢，花呀。”

只管走过去，不必逗留着采了花朵来保存，因为一路上花朵

自会继续开放的。

小花问道："我要怎样地对你唱，怎样地崇拜你呢？太阳呀？"

太阳答道："只要用你的纯洁的素朴的沉默。"

绿叶恋爱时便成了花。

花崇拜时便成了果实。

幼花的蓓蕾开放了，它叫道："亲爱的世界呀，请不要萎谢了。"

神希望我们酬答他，在于他送给我们的花朵，而不在于太阳和土地。

译者郑振铎曾深情地赞说，泰戈尔的《飞鸟集》"包含着深邃的大道理"，并形象地指出，这部散文诗集"像山坡草地上的一丛丛的野花，在早晨的太阳光下，纷纷地伸出头来。随你喜爱什么吧，那颜色和香味是多种多样的。"我却觉得读《飞鸟集》就如同欣赏一组日式家居花艺小品，它们有着淡而柔的色彩，简适而毫不夸张的造型，配搭的花器看似随手拈来，却无不散发着浓浓的温馨感，故而看上去恬静温婉，如同甜美的邻家女孩一般。其实诗人自己也曾经盛赞日本俳句的简洁，他的《飞鸟集》显然受到了这种诗体的影响，因此说深刻的智慧和简短的篇幅为其鲜明特色。

瀑布歌唱道："我得到自由时便有了歌声了。"

雾，像爱情一样，在山峰的心上游戏，生出种种美丽的变幻。

蜜蜂从花中啜蜜，离开时盈盈

地道谢。

浮华的蝴蝶却相信花是应该向它道谢的。

雨点吻着大地，微语道："我们是你的思家的孩子，母亲，现在从天上回到你这里来了。"

萤火对天上的星说道："学者说你的光明总有一天会消灭的。"天上的星不回答它。

与《繁星》和《春水》一样，《飞鸟集》里也不乏描摹自然之美的华章丽句。冰心早期的创作的确受到过泰戈尔的明显影响，特别是这两部诗集。她曾说："我自己写《繁星》和《春水》的时候，并不是在写诗，只是受了泰戈尔的《飞鸟集》的影响，把许多'零碎的思想'，收集在一个集子里而已。"因此我们可以说，《飞鸟集》与《繁星》、《春水》确乎有着大大的异曲同工之妙。

拥抱自然深呼吸

潇洒美丽的草花，装扮家居最给力。用草花制作的花艺小品给人以清新、活泼的俏丽感，特别适合用作餐桌花或布置客厅小几。它们带来的田园风吹拂在心头，就好像拥抱着自然在做深呼吸，而身边都市的喧嚣你已浑然不觉……

三色堇的幻彩天空

花材：三色堇（紫、复色）

制作：三色堇的园艺品种繁多，开出的花色彩鲜艳多变，盛花时节随意剪下一把，插在或大或小的玻璃花樽里，它们迷幻般的炫彩都会成为装饰家居的亮丽一景。

菊意阑珊

花材：白晶菊、金盏菊、矢车菊（蓝、粉、紫红色）

制作：菊科的草花家族队伍庞大成员众多，把花期相同的选上几种组合在一起，好似一群漂亮的姐妹花聚在一起开小型派对，带给观者别样的感受。

冰清玉洁

花材：洋桔梗（香槟色、奶油色）

制作：洋桔梗的典雅与柔美总是那样的迷人眼眸，这些个浅淡的花色与清爽感的花器搭配，只会让人想到四个字“冰清玉洁”。遗憾的是她的水插时间总是不长，很快就萎蔫了，不过，或许正因为惊艳太短暂，才更值得珍惜哦！

谁言寸草心，报得三春晖

花材：康乃馨（粉、紫红、复色）、栀子叶

制作：谁言寸草心，报得三春晖。谁都知道康乃馨是著名的母亲节礼品花，用它制作的花艺小品最适合送给妈妈。如果想让你的礼物不流于平庸，可以在花器的选择上动些脑筋，比如有时尚感的漂亮手提袋就可以好好利用。你看，效果即刻就不一样了，另外，纸袋的废物利用也契合环保的潮流。

小小花心思：纸质手提袋底部应放置些重物，例如白色小石子，以稳定重心，否则容易倾倒。

童谣里的非洲菊

花材：非洲菊（红、橙、粉色）

制作：尽管草花花材多得数不清，但非洲菊却总是那么出众和夺人眼球，原因当然是它色泽明艳，花形又简洁大方。一对口径不同的白瓷花瓶里随意地插上几支，就很好，而且转个角度观赏效果又不一样了。看到它们灿烂的笑脸，忽然想起童谣里边唱的“葵花朵朵向太阳”，虽然它们是非洲菊，不是葵花。

爱上押花的美丽和浪漫

押花就是撷取大自然中四季盛开的花卉，经过整理、加工、脱水，保持花的原有色彩和形态，并经过创作者的精巧构思和设计，粘贴制作而成的一种艺术品。造型可以是人物、动物、风景，

也可以是一种植物或原花的再现。优秀的押花作品有着留住春天、凝固美丽的艺术效果，能给人带来美的享受。

押花最早起源、盛行自欧洲，英国有着长达300年的押花历史。16、17世纪时多见于植物标本，到了18世纪，富于色彩的押花画开始流行。19世纪后期，英国上流社会仕女间十分盛行押花，用以点缀圣经封面或镶入画框装饰墙壁。20世纪中叶，欧洲的押花艺术传入日本，使传统的日本押花有了极大的改进。自

20世纪90年代开始，日本宝库株式会社与日本花绿研究所合作，把现代科技应用于押花制作，推出快速脱水、押平新鲜花草的工具和材料。在这之后，数以万计的押花爱好者凭借他们成熟的美工技巧和独具匠心的创造力，大大增加了押花作品的艺术性和美感，使得押花更为普及。

野外采摘花草的注意事项

应在植物水分最少的晴朗的白天进行。尽量避免在下完雨的早晨，这时植物水分最多，采摘会损伤花瓣。

不要贪多，应按需要量采摘。另外，采摘时应避免损伤植物其他部分。

携带花材的方法

将采集到的植物放入塑料袋并吹入空气后用密封夹彻底夹住封口。

容易散碎、枯萎的植物，如花瓣质薄的牵牛花、波斯菊等应夹入杂志带回。

冰箱储物盒等密封容器可作为塑料袋和密封夹的替代物，可将植物放入容器并盖紧盖子。

押制方法

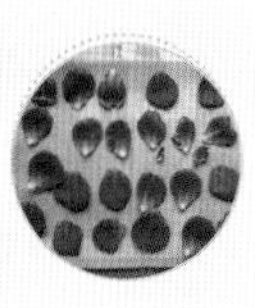

以报纸垫底，上面铺上吸水性好的厨房纸巾或美容纸巾，然后排放素材，注意一定不要重叠。

在素材上再盖上一层纸巾及报纸。

上面压上厚的字典或电话号码本。

根据素材的不同以及大小，压制时间大致为3天至1周。用手触摸一下已干燥无潮湿感即可。

押花的常用工具

剪刀：用于剪裁押花素材，应选择尖嘴剪刀。

镊子：用于镊取花瓣、叶子等细小素材。

胶水：使素材与衬纸黏合，应选择干燥后透明的黏合剂。

如花的心绪

花材：三色堇、不同花色的瓜叶菊、中国石竹、山丹丹、网眼花

工具：镊子、剪刀、胶水、双面胶

制作：①在白色的卡片纸上整齐地贴上双面胶。

②在双面胶上撒上押制好的花材，注意应将三色堇这类花形比较丰满的花材作为衬底。

③将贴有花材的双面胶修剪成心形。

小小花心思：用花瓣做成的心形图案，代表的当然是我如花的心绪。还可以进一步发挥，把这颗心贴在卡片纸上，制成漂亮的情人卡。这样别致的礼物最适合情人节、结婚纪念日、还有你的她或他的生日。

秋千佳人

花材：红色玫瑰花1朵（带茎和花萼）、网眼花（带茎）、红色美女樱、山丹丹

工具：镊子、剪刀、胶水

制作：①将一片较大的玫瑰花瓣做成少女的裙子，用稍小一些的花瓣折叠放在裙子上做成西服。

②用带茎的玫瑰花萼做成头发，把花瓣修剪成小片做成脸颊，再用水笔点上眼睛（如手边有细小的花种子，用来做成眼睛也会很生动）。

③用网眼花纤细的茎做成手臂，用玫瑰花的茎做成秋千椅，用美女樱和山丹丹花做成吊绳，并用一朵网眼花作为少女的发饰。

④用玫瑰茎上的节刺做成少女带跟的靴子，最后将几朵网眼花撒在四周作为装饰。

小小花心思：“墙内秋千墙外道。墙外行人，墙内佳人笑。笑渐不闻声渐悄，多情却被无情恼。”用花朵做成的秋千架上的红衣少女，是否让你想起了古典诗词中婉约的美丽与哀愁？

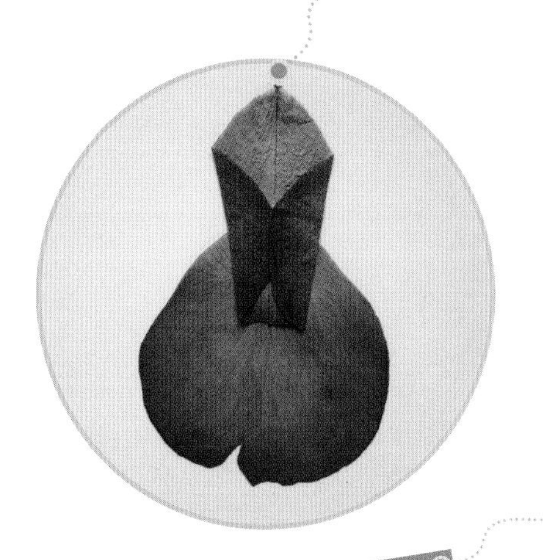

图书在版编目（CIP）数据

缤纷草花 / 陈菲编著. —北京：农村读物出版社，2011.12

（快乐园艺）

ISBN 978-7-5048-5532-9

Ⅰ. ①缤… Ⅱ. ①陈… Ⅲ. ①观赏园艺 Ⅳ. ①S68

中国版本图书馆CIP数据核字（2011）第205924号

感谢踏花行论坛花友清雅花园为本书提供部分图片。

责任编辑 李振卿

出　　版 农村读物出版社（北京市朝阳区农展馆北路2号　100125）

发　　行 新华书店北京发行所

印　　刷 北京三益印刷有限公司

开　　本 710mm×1000mm 1/16

印　　张 9

字　　数 170千

版　　次 2012年1月第1版　2012年1月北京第1次印刷

定　　价 36.00元

（凡本版图书出现印刷、装订错误，请向出版社发行部调换）